時間を織り込む住宅設計術

彰国社 編

彰国社

デザイン＝水野哲也（Watermark）

まえがき

　注文住宅を初めて取得する人の52.7％が30歳代（平成24年度「住宅市場動向調査」）。本書は、そうした30歳代で住宅を建てようとしている人たち、その住宅の設計を行うであろう同世代の設計者に向けて編みました。

　現在30歳代の人たちは、住宅の建替えサイクルが平均26年（平成8年「建設白書」）という社会——住宅ローンを完済する頃に建て替え、住み替える「住まい捨て」が当たり前という社会——に生まれ育ちました。その標準的な住宅のつくり方は、自宅で老後をゆったり過ごすほど長生きができなかった時代に定型化したのです。戦後に住宅の着工件数が急激に伸びた1960年代前半、日本人の平均寿命は70歳前後でした。それから20年ちかくも平均寿命が延びたのですから、住宅の寿命も延ばさなければなりませんが、ただ丈夫で長持ちすればよいというものではありません。

　行政で社会保障を丸抱えできず在宅医療や在宅介護を推進する方針が強化されていますから、住宅は医療・介護の現場にもなります。また「省エネ」は、抑制した分のエネルギーを生み出す「創エネ」としてとらえ直され、2020年には省エネ基準への適合化が義務化されるなど、社会的な要請になっています。個人住宅も社会施設としての役割を担う時代なのです。これを受けて、住宅の高性能化や高機能化に向けたさまざまな認定基準と助成金や減税などの誘導政策がパッケージされ、住宅の品質向上を後押ししています。そのとき、優遇制度につられて過度にハイ・スペックにならないよう判断する能力も必要になってくるのです。

　新築時でなければ獲得できない性能や将来の可能性が広がる間取り・設備の設定と、後年の更新や改修で対応できることを仕分けるには、住宅に時間を織り込んで考えることです。そしてその織り込む時間に「標準」はなく、住まい手それぞれに異なるのです。本書にいくつかの小さな発見があり、わが住宅にわが人生を織り込むなら…と思いをめぐらせていただきたいと願ってやみません。

目次

まえがき　3

第1章
住まいに時間を織り込む術　7

|01| 生活をしていく上での健康リスクと家づくり　インタビュー　瀬上清貴　8

|02| 熱環境のつくり方と生かし方　インタビュー　廣谷純子　14

|03| 中古住宅再生から見た住宅の時間　インタビュー　宮部浩幸　25

第2章
時間を織り込む住宅の初期設定　33

責任編集　村田涼＋東京工業大学村田涼研究室

モデルプラン　新築時　34

モデルプラン　15年後の改修　38

モデルプラン　35年後の改修　39

住宅の初期設定　40

第3章
時間を織り込んだ住宅事例 65

- F邸　設計◎古森弘一（古森弘一建築設計事務所）66
- ライフステージを織り込んだ家　設計◎田中直人＋NATS環境デザインネットワーク 70
- 青葉台の家　設計◎山本圭介、堀啓二（山本・堀アーキテクツ）72
- 池袋本町の家　設計◎岩川卓也（岩川卓也アトリエ）76
- U House　設計◎石田建太朗（イシダアーキテクツスタジオ）78
- 北嶺町の家　設計◎室伏次郎 80
- つくばの家Ⅰ　設計◎小玉祐一郎 86
- 井の頭の家　新築設計◎吉村順三　増築設計◎日高章 90
- O－RESIDENCE　設計◎小川晋一都市建築設計事務所 94
- 上石神井の家　改修設計◎宮部浩幸＋長曽我部幸子（SPEAC）98
- 宮永の家　改修設計◎谷重義行（建築像景研究室）100
- 目黒のテラスハウス　改修設計◎宮部浩幸（SPEAC）102
- 目白台の部屋　断熱内戸設計◎須永修通（首都大学東京）＋LIXIL＋旭化成建材、ファブリックデザイン◎蒲原みどり 106
- 緑と風と光の家　設計◎矢板久明＋矢板直子（矢板建築設計研究所）108

第1章
住まいに時間を織り込む術

インタビュー　|01| 瀬上清貴
　　　　　　　|02| 廣谷純子
　　　　　　　|03| 宮部浩幸

　これから住宅を建てよう、設計しようという時に、その住宅で過ごす時間をどのようなレンジで考えればよいのだろうか。

　30歳代の建て主や設計者には、家族構成が変化して自分が高齢者になっている30年、50年後は遠い先のように感じるであろう。現在の高齢者が自宅を建てた頃に標準的であった住宅のつくり方では、身体が虚弱化すると自宅で暮らしていくことに困難を感じているという高齢者の現実を語りながら、そうならないためにどのような住宅を考えておくとよいか、福祉医療の現場からの瀬上氏の提言が多くのことを気づかせてくれる。

　1日・1年というレンジの時間を住宅に織り込むポイントについては、暑さ・寒さがストレスにならない住宅であればずっと住み続けたくなるという、廣谷氏の熱環境デザインの視点が有益だ。

　住宅に堆積する時間を考えるため、あえて逆の視点からも聞いてみた。時間を重ねた住宅が売りに出された時、新しい住まい手が現われる家はどのような価値を見出されているのだろうか。中古住宅市場から都市を考えてきた宮部氏の提言は、設計する行為の意味まで考えさせてくれる。

01 住まいに時間を織り込む術：インタビュー

医療の信頼性科学研究室／国際医療福祉大学大学院　客員教授・医師　瀬上清貴

生活をしていく上での健康リスクと家づくり

自分の家で最期まで平穏に暮らしたい。
それがかなう家なら、どんなライフステージも乗り切れます。

　私は厚生労働省で保健、医療、福祉の分野の政策形成にかかわり、福祉医療事業者の監督官庁を経て、現在は主に病院や福祉施設の運営、建物の更新などに関するアドバイスを行う事業をしています。このような経験を踏まえて、これから戸建て住宅を建てようという建て主、その住宅を設計する設計者、どちらも30歳代くらいの方を対象に家づくりについてアドバイスを求められました。僭越ながらひと言申し上げるとすれば、これからの一生で起こりうる、生活をしていく上での健康危機や障害リスクを想定して、あらかじめ対処法を織り込むよう設計にひと工夫してほしいということです。何か起こったらその時点で改修・改築すればよいと思われても、住宅の骨格構造にかかわるような改修は高額となり、現実的ではありません。リスクに直面した時、最小限の改修ですむようにしておきたいものです。

　以下、少し具体的に申し上げましょう。

持ち家で暮らせなくなる高齢者

　現在、高齢者の多くは持ち家に住んでいます。平成22年の国勢調査によると、家族と一緒に暮らしている65歳以上の人の82.5％、夫婦だけで暮らしている65歳以上の人の87.3％、単身で暮らしている65歳以上の人の64.0％が、自分が所有する家に住んでいます（図1　高齢者の持ち家率）。また、内閣府の調査（「平成25年度版高齢社会白書」）によると、60歳以上の高齢者へのアンケートで、持ち家に住んでいる人の91.2％が現在の住まいに「満足」または「ある程度満足」と回答しています（図2　高齢社会白書−1）。しかし一方で、自分が虚弱化した場合の居住形態についての質問では、66.4％の人が「自宅に留まりたい」と希望していますが、21.7％の人が「高齢者用住宅へ引っ越したい」または「老人ホームへ入居したい」と回答しています（図3　高齢社会白書−2）。アンケートの時点では、自分が虚弱化することは仮定にすぎません。それでも自宅以外を希望する人が21.7％もいるのです。それでは、実際に健康を害し、障害を得て虚弱化することが現実になった時はどうでしょうか。自分の持ち家があるにもかかわらずこの家では暮らせないと、自宅以外の居住施設への入居を希望せざるをえなくなります。このように生活していく上での活動性が低下したことによって、自宅で暮らすことに困難を感じている人が多いのです。

　特別養護老人ホームの入所基準は、65歳以上で介護レベル「要介護3〜5」と厳しくなりま

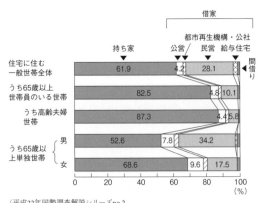

（平成22年国勢調査解説シリーズno.2
「我が国人口、世帯の概観」より）

図1　高齢者の持ち家率

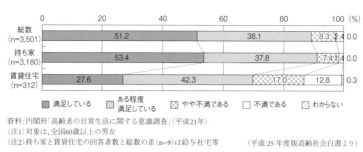

図2　高齢者の現在の居住に関する満足度

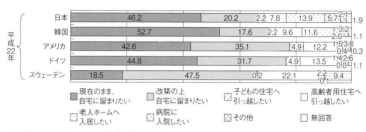

図3　高齢者が虚弱化した時に望む居住形態

た。要介護1や2のレベル：日常生活になんらかの介助が必要、移動する時になんらかの支えが必要という状態では、在宅介護サービス等を活用して在宅で暮らすことが求められています。しかし、現実には家族介護力が不十分ということよりも、障害に適合した環境に自宅を改修することが困難であるばかりかスペースすらないことにより、自宅での生活をあきらめてしまう人が多いのが現状です。そんなこともあって、高齢者向けの居住施設――老人保健施設・有料老人ホーム、賃貸アパート等で単身暮らしの高齢者が増えてきているのでしょう。

　現在の高齢者は親世代を自宅で自ら介護した経験がある方々が多いので、同じ苦労を人にさせたくないという思いがあるのかもしれませんが、それを考慮しても、現在65歳以上の人たちが自宅を取得した頃に一般的だった家のつくり方では、要介護のレベルになると生活が困難になる、これが現実です。現在30歳代の方々はこうしたつくり方の家で生まれ育ったわけですから、それ以外のモデルを想像できないかもしれません。ですから、「生活をしていく上での健康上のリスク」について意識的になって、家づくりを考えてほしいと思います。そして、最期まで自宅で生活できる家づくりをしていただきたいと思います。

30年後、50年後を具体的に考える

　要介護の状態になった時には、収入が得られなくなっているものです。そうなってから大規模な改修を行うのは経済的にかなりの負担です。これには自宅改修のための補助金を出す制度はありますが、そのこと以上に、介護生活上の問題が起こります。大改修となると、その間、病院や介護施設での生活の長期化が不可避となります。身体が利かなくなった状態では、日常生活そのものが訓練です。1カ月も入院していて、看護や介護に慣れてしまうと、自らリハビリに立ち向かう気力が萎えてしまうのです。せっかく大改修しても退院してから頑張る気力がなくなっていたら、在宅介護生活が長く続かなくなることでしょう。

必要となった時に軽微な改修で対応できる、あらかじめそうした事態に備えてある家をつくっておけば改修も数日ですみ、入院の長期化も無用となることでしょう。

たとえ身体が不自由になっても、自分らしさ、人としての尊厳を保ちながら心穏やかに過ごせる家。それは、これからのライフステージでどのような不測の事態が起きたとしても、その人生を受け止めてくれるはずです。そうした家づくりのために、これから起こりうる、生活をしていく上での健康上のリスクと対処法を想定してください。現在の一般的な家では自宅で暮らし続けられないという高齢者の現実に学んでください。

要介護になるのは高齢者だけではない

30歳代の方であれば、自分が高齢者になるのはまだまだ30年以上も先のことだと思われるかもしれません。しかし、活動性が低下して「要介護」のレベルに至るのは、加齢による身体機能の低下や衰弱だけが原因ではありません。図4は、要介護状態になった原因についての統計資料です。ここに挙がっている要介護にまで至るような高血圧性疾患、関節症、骨密度および骨格の障害、血管性および詳細不明の痴呆といった疾患については、若いうちはさほど心配しなくていいでしょう。問題は脳卒中、つまり脳出血と脳梗塞です。これらを患うと、後遺症としての麻痺を伴う可能性が高く、いきなり重度の要介護状態になってしまう可能性もあります。このやっかいな脳卒中は突発的に発症しますし、50歳代に入ると急激に発症率が増加しますので、50歳代から警戒しなければなりません。脳卒中の罹患リスクは遠い先のことではないのです。

もちろん、食生活や運動習慣、高血圧のある方の医学的継続管理、不整脈の警戒など予防医学の実践は有効です。しかし、それでも罹患するリスクはゼロとはなりません。

バリアフリー住宅の前に熱環境を

脳卒中はかつて、国民病でした。塩分の多い食生活も原因の1つとされましたが、冬の寒さも大きなトリガーとなりました。実際、現在でも脳卒中の発症は冬に多いのです（図5　心原性脳塞栓発症の季節性）。寒さによって血管が収縮して血圧が急上昇し、血管の弱いところが破れてしまうのは脳出血の代表的な形です。一方、首の動脈や心臓内腔などにできた血栓（血液成分と悪玉コレステロールなどが固まったもの）が不整脈などで剥がれて脳の血管へ飛び、そこを塞ぐというのが心原性脳塞栓、いわゆる脳梗塞のメカニズムです。

昔の統計ですが、気候条件がほぼ変わらない福島県と栃木県で脳卒中の発症率を比べると、栃木県が圧倒的に多かったのです。原因は、家のつくり方でした。福島県の家は冬仕様になっています。寒さを侵入させないような家のつくり方で、トイレも家の中にあります。一方、栃木県は亜熱帯型の家づくりの北限と言われていて、天井裏や床下に通気口を設けるなど、夏の暑さや湿気対策

在宅	要支援	要介護1	要介護2	要介護3	要介護4	要介護5
1位	高血圧性疾患	高血圧性疾患	高血圧性疾患	脳梗塞	脳梗塞	脳梗塞
2位	関節症	関節症	脳梗塞	高血圧性疾患	血管性及び詳細不明の痴呆	血管性及び詳細不明の痴呆
3位	骨の密度及び構造の障害	脳梗塞	血管性及び詳細不明の痴呆	血管性及び詳細不明の痴呆	高血圧性疾患	高血圧性疾患

（産業医科大学　松田教授作成資料）

図4　主治医の意見書に記載された要介護状態の原因と考えられる疾患

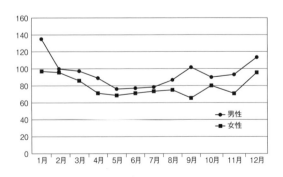

図5　心原性脳塞栓発症の季節性

をメインコンサーンとした家づくりがなされていました。トイレは別棟、もしくは吹きさらしの廊下の突き当たりに置かれていました。暖房された室内と廊下や風呂場との温度差によるヒートショック、これが栃木県で脳卒中が多く発症する原因だったと言われています。

　健康を損なうリスク、中でも、突発的に重度の要介護レベルに至りかねない脳卒中の原因が家づくりにあったことを知ってほしいと思います。

　要介護となっても暮らし続けられる家というとバリアフリー住宅を連想されるでしょう。しかしその前に、要介護の原因となる脳梗塞を予防する家、ヒートショックを起こさない家づくりが必要とされたことを忘れないでほしいのです。

メンタルの健康が損なわれた時

　健康は身体だけの問題ではありません。中年期のうつ気分・うつ状態だけでなく、近年は若い世代の発症も増えています。メンタルヘルスの予防という視点からもお話ししたいと思います。

　うつ気分・うつ状態になる原因はさまざまですが、罹患すると家で過ごす時間が多くなります。多くは自室に籠もってしまいますから、家族は、そこに居れば気持ちが安定しているのだと思いがちです。しかし、窓の外がすぐブロック塀だったりすると閉塞感が高まり、さらに気が滅入ってしまいます。かといって開放的であればよいというわけでもなく、隣家や通行人から見られていると感じてしまうと、監視されているかもしれないという圧迫感から症状が悪化することも起こりうるのです。では、家族であれば問題はないのでしょうか。そうとも言えません。個室に籠もっているうつ気分・うつ状態の方でも、**図6**のように家族が集うリビングに面した部屋の場合、ドア1枚だけでは人との距離がまだ近すぎて、ドアを閉めていても守られているとは感じられないことも起こりうるので、心理的に追い込まれることがあります。個室／リビングのドアの外側にもうワンクッション、たった1m幅でもいいので、パーティシ

図6　うつ気分・うつ状態に不適切な個室環境

ョンなどでリビングから明らかに区切られ誰も立ち入らないスペース――「私空間」とも呼ぶべきもの――があると、精神的に落ち着いてくれます。

　こうした配慮は、うつ気分・うつ状態の場合に限ったことではありません。思春期の子どもがメンタル的に不安定になった場合にも有効です。

　家を新築する際には、個室の窓の取り方、いざという時、「私空間」が確保してあげられる間取りやパーティションレールの配置などにも考慮してほしいものです。

心が折れない自律のために

　高齢者のための住環境と言えば、バリアフリーやユニバーサルデザインという言葉が浮かぶことでしょう。総務省が住宅に関する統計を取る際の質問事項も、「手すりがある」「またぎやすい高さの浴槽」「廊下などが車いすで通行可能な幅」「段差のない屋内」「道路から玄関まで車いすで通行可能」となっています(**図7　高齢者等のための設備状況別住宅の割合**)。これらは、高齢になって活動性が低下したことによる生活の困難さを補う家づくりとして、すでに周知されています。手すりを除き、これらは高齢期になってからではなく新築設計の時から備えておくべきものでしょう。特に段

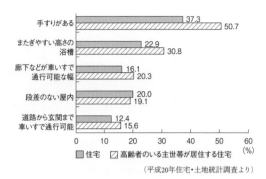

(平成20年住宅・土地統計調査より)

図7　高齢者等のための設備状況別住宅の割合

差に関しては、活動性や視力が低下した時に最も危険なのが2〜3cmの段差なのです。段差が必要なら20〜30cmとし、生活者がハッキリと意識できるようにしたいものです。

　加齢とともに活動性が低下していくのは仕方がないことですが、杖、歩行器、車椅子を使いながら、できるだけ自分の力で動き続けることが大切です。高齢になれば日常生活そのものがリハビリであると前向きに受け止めて、さらなる機能低下を防ぐことが高齢期の予防的生き方として推奨されることです。身体的な問題を克服していく――それが辛くなるのは、肉体的な苦痛よりも心が折れてしまった時です。どんな人でも、人の助けを借りなければ排泄行為ができないようになり、さらに進んでおむつを常時使うようになってしまうと、一気に精神力が衰えてしまいます。人としての尊厳が傷つき、心が折れてしまうのです。動くことを自らあきらめ、寝たきりに至るケースも出てきます。介護が必要となっても、失禁をさせない生活リズムの確保、おむつを着けないですむ生活態様が選べるようにすることは、まさにトイレの位置や便器の配置にかかっているということを、考えられたことはありますか。

　福祉医療の現場での体験から、バリアフリー住宅であることと同じくらいに、家の中のトイレの位置、トイレのつくり方に配慮が必要だと強く思っておりますし、これまでの一般的な個人住宅のトイレの在り方を大きく変えてほしいと思っています。

　まず、トイレは寝室の一部だと考えていただきたい。来客や家族全員が使うトイレとは別に、主寝室に併設した専用トイレをつくる、という前提で住宅の間取りを考えることが普通になってほしいと思います。というのも、現在の標準的な住宅のトイレは壁で囲い込みすぎていて狭く、歩行器を使ったままや、車椅子に乗ったままトイレに進入できません。またドア幅を広げて車椅子が入れる広さにしたとしても、便器に対して縦列でアプローチする配置では、使い勝手が非常に悪いのです。試してみてください。便座に座るためには身体の向きを180°変えなければなりません。下肢が不自由で踏ん張れない車椅子使用者が1人で行うのは、ほぼ不可能な行為です。1人で車椅子を便器に横付けできて、手すりや握り棒を回転軸にして45°くらい身体を回せば便座に腰かけることができる便器の配置を考えると、最低でも図8に示すようなトイレとなります。トイレは単独でつくるとどうしても壁で囲い込みたくなりますが、寝室の一隅に便器を配置すると発想を切り替えれば、図8のように3辺が壁である必要もなくなります。消臭装置と手持ちシャワーが装備されていると多少の粗相をした時にもそっと対処ができ、最善の対応でしょう。また、寝室ならば用を足している姿を人に見られることはまずありませんから、ドアの形状に悩むこともありません。広くしても、日常的に便器が目に入らない程度の目隠しがあればいいのかもしれません。要介護者を抱えた多くの家庭でベッドの脇に簡易トイレを置いて

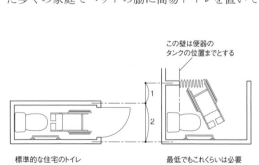

図8　車椅子使用者が1人で使えるトイレ

あることを考えて、比較してみてください。

健康で元気いっぱいの30歳代の人が建てる家にあらかじめ車椅子対応のトイレをつくっておくというのは、過剰スペックと見られるかもしれません。しかし、便器を家具のようなものという意識でとらえ、必要になった時点で寝室の一隅をトイレにできるような配管とちょっと余分のスペースをとっておくくらいなら、かなりハードルが下がるのではないでしょうか。

最期まで自分らしく尊厳も持ち続けていられるために、1人でトイレの用を足せることがいかに重要かを認識してください。

洗面・脱衣室の見直し

浴室についてはすでに、段差をなくす、またぎやすい浴槽の高さ、介助者を見越した浴槽のレイアウトなど多くの情報があります。また要介護度が高くなっても車椅子に座ることができるのであれば、座らせたまま車椅子ごと持ち上げて1人浴槽に入れてあげられるようなリフター付き浴槽も開発されています。そこで設計時には、基本的には車椅子のまま蛇口のあるところまで行けるようにつくる、介助者の行為スペースを考慮した配置とするべきことをお願いしたいと思います。もう1つ大切なこととして、見落とされがちな脱衣スペースについての注意を喚起したいと思います。

要介護者の入浴の介助は、結構手間が掛かります。自由に屈伸ができない、身体を左右にひねることができない状態ですでに、1人で服を着替えることは困難です。家人や訪問介護サービスの介助を受ける場合、当然のことながら、そのためのスペースが必要です。現在の一般的な住宅の脱衣室で大人2人が並んで服を着替えることができるか、想像してみてください。脱衣室にはたいてい洗面台があり、洗濯機・乾燥機が置かれています。季節によっては扇風機や電気ヒーターもあります。これでは、介助者が要介護者の脱衣をさせることはできません。

まず、洗濯機・乾燥機は脱衣スペースから追い出してください。台所の近くに設置すれば、主婦の家事動線にとっても便利です。洗面台も、できれば廊下の一角などにグルーミングスペースをつくるといった発想で、脱衣のためのスペースからなくすような間取りを考えてほしいと思います。洗濯機も洗面台も、それ単体の置き場を変えればすむものではありません。給水・排水・電気配線といった設備と一体で設置されるものですから、新築する時から考えておいてほしいのです。元気な間は配管・配線のある単なる物入れとしておくことは構いません。必要な時に十分なスペースを確保できればよいのですから。

これからの日本は高齢化の一途をたどります。世代別人口ボリュームで最も大きい団塊の世代（最後尾は1950年生まれ）が後期高齢者に突入する75歳になるのが2025年。それから15年後の2040年までが高齢化のピークと言われています。福祉医療の分野ではここまでを転換点と見据えて、さまざまな対応を考えています。

現在30歳代の方々が高齢者になる頃、福祉や医療といった公的サービスは在宅サービスを基調とした、身近な地域で対応するシステムになっていると思われます。自宅での暮らしを支えるシステムが充実しているのに、家そのものに問題があって在宅生活をあきらめなければならないといった事態になったのでは困ります。

30年後も50年後もそこで暮らし続けられる家について、建てる前に具体的に考えてみていただきたいものです。

02 住まいに時間を織り込む術：インタビュー
みっつデザイン　廣谷純子

熱環境のつくり方と生かし方

暑さ、寒さを「我慢する」のは、もうやめよう。
これからは、暖かさや涼しさの質をデザインする時代です。

実は、我慢していただけなのです

　快適な室内環境をつくるための知見が建築の専門家の間では蓄積されてきましたが、エコハウスなどの名称で一般の人に広く知られるようになったのは、この10年くらいでしょう（図1）。これから家を建てようという人のほとんどは、これまで、熱環境や空気質について積極的な手段を講じていない住環境で暮らしてきたはずです。暑さ・寒さは衣服で調節しながらちょっと我慢してしのぐ、という生活習慣でなんとか暮らしてこられたのですから、住宅をつくるにしてもリフォームにしても、「バリアフリー化」「設備更新」「耐震化」などが必要に迫られた強い動機となることがあって

図1　日本の住宅における熱・光環境に関する技術の歴史 *1

社会動向	1973・1979 第1・2次オイルショック ローマクラブ（成長の限界）	1980	1992 地球サミット・リオ宣言
省エネ基準 （5・6地域）		旧省エネルギー基準（1980） 屋根・天井：GW10k 40mm 外壁：GW10k 30mm 床：押出発泡ポリスチレン25mm 開口部：アルミ枠＋単板ガラス	新省エネルギー基準（1992） 屋根・天井：住宅用GW10k 60mm 外壁：住宅用GW10k 50mm 床：A種押出法ポリスチレンフォーム 保温板1種20mm 開口部：アルミ枠＋単板ガラス
断熱・窓ガラス	1961年 硬質ウレタンフォーム市販開始 1964年 住宅用ロックウール断熱材市販開始 1966年 住宅用グラスウール断熱材が登場 1976年 日本初の樹脂サッシの製造販売開始 （エクセルシャノン） 1978年 セルロースファイバー断熱材の国内生産開始	1982年 樹脂製のインナーサッシの市販開始（YKK AP） 1980年代 輸入もしくは国内製造木製サッシが北海道を中心に採用され始める 1985年 湿式外断熱工法が開発される（主にRC用として） 1985年 グラスウール充填断熱の上、気密シート、外壁通気層を設けた新在来木造工法が北海道で開発される	
暖冷房＋給湯	1960年代 自然循環式の太陽熱温水機販売開始（チリウヒーター） 1970年代 太陽熱温水器を複数の会社が市販（長府、ノーリツ等）		1987年 空気式屋根集熱システムが工務店でつくられ始める （OMソーラーシステム）
電球	1968年 環形蛍光ランプ（15型）発売（東芝）	1980年 世界で初めて電球形蛍光灯を発売（東芝）	
創エネ			

も、室内の環境性能を上げることが動機になることは少ないのが現状ではないでしょうか。

私が行ったマンションのリフォームも、動機は古い水道管の交換でした。水まわりだけの改修の提案から、高齢者が暮らしやすいように間取りの変更をしようといった動機に便乗して、熱環境を良くすることを提案しました。住まい手には、熱環境の改善に対する期待はほとんどありませんでした。ところが住み始めてから、リフォーム後の家の暖かさや風通しの良さについて、日々感謝されています。良い熱環境の住まいに住んでみて、ようやく、これまでどれだけ我慢して暮らしていたのかがわかるものなのです。快適でしかも光熱費が下がる——それは住む人の便益だけではなく、個々人の省エネの結果で社会全体が必要とするエネルギーの削減にもつながります。

2020年には新築するすべての建物に、ある一定の環境性能が求められるようになる予定です。法律で決められた通りに家をつくる、単に省エネ住宅をつくるという考えではなく、これまで疑うことがなかった住まいの熱環境についてきちんとした知識を身につけ、体感を伴って理解した上で、暖かさや涼しさの質をデザインできるようになりましょう。これからの時代に求められる住宅の熱環境は、仕様書だけでつくるものではなく、デザインするものになっていくべきではないでしょうか。

設計者が持つべき熱環境デザインの視点

基準をクリアするために必要な断熱材の厚みは住宅金融支援機構の資料等でわかりますし、最新の省エネ機器についての情報はカタログや雑誌等でわかります。☆をたくさんもらうためには、チ

1997 COP 3　京都議定書	1999		2011 東日本大震災・福島原発事故	2016	2020 すべての住宅で省エネ基準適合の義務化
	次世代省エネルギー基準（1999） 屋根・天井：住宅用GW16k 180mm 外壁：住宅用GW16k 100mm 床：A種押出法ポリスチレンフォーム保温板3種65mm 開口部：アルミ枠＋複層ガラス		2008年 省エネ住宅への融資制度（フラット35S）が始まる 2010年 住宅エコポイント制度始まる	平成25年基準 次世代省エネルギー基準＋一次エネルギー消費量の基準	
94年 ラスウールを用いた外断熱工法 開発される（主にRC用として）	1999年 木造の外張り断熱工法が一般化 1999年 新築戸建て住宅への複層ガラスの面積普及率が約30％になる 1999年 ハウスメーカー等で次世代省エネルギー基準相当の家が標準仕様になる 2000年 フェノールフォーム断熱材販売開始 2001年 首都圏で初めて外断熱マンションが分譲される		2005年〜 新築戸建て住宅への複層ガラスの面積普及率が約70％を超える 2006年 大手ハウスメーカーが外張り断熱を一般仕様化（大和ハウス工業） 2010年〜 新築集合住宅への複層ガラスの面積普及率が約50％を超える 2012年〜 新築戸建住宅へのLow-E複層ガラスの面積普及率が約50％を超える		
1998年 ポリエステル系断熱材の市販開始 1998年 羊毛断熱材の輸入開始					
		2003年 FF式給排気システムのペレットストーブが岩手で開発される 2005年 愛・地球博で地中熱ヒートポンプを冷房システムとして採用 2009年 住宅用の地中熱ヒートポンプが市販され始める 2010年〜 薪ストーブブームが始まる			
1996年 LED照明の開発			2007年〜 LED電球の市販化 2009年〜 一般家庭にLED電球の普及が始まる		
94年 電連系可能な家庭用太陽光発電システムを品化、販売を開始（シャープ）		2003年 家庭用コージェネレーションシステム「エコウィル」販売開始 2009年 家庭用燃料電池コージェネレーションシステム「エネファーム」販売開始			

※2010年頃に、住宅用の熱環境に関する新しい技術はほぼ一般化されている。
これからは、出そろった技術を適切に組み合わせて省エネルギーで快適な熱環境をデザインしていく時代になる。

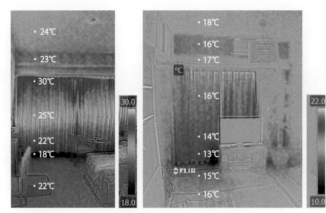

右／二重窓にしたマンション南側の室・暖房なし
窓の下部：13℃
床・天井・壁の表面温度：16〜18℃
室内に大きな温度差がない。室温は18℃程度で無暖房の状態。室温や壁の表面温度は左のホテルの場合よりも低いが、全体的に均一な環境なので寒さも暑さもあまり感じない。熱環境は数字の大小だけで判断できない。数字から体感を読み取ることが大事。
（撮影条件：1月下旬、外気温4.2℃、朝7時頃に撮影）

左／断熱なし、1枚ガラスのホテルの部屋でエアコン暖房
エアコン吹出し口高さにあるカーテンの上部の表面温度：30℃
床の表面温度：22℃程度
上下で温度差が生じる原因は、エアコンからの高温の吹出し温風と、カーテンの下端から室内に流れ込む窓で冷やされた冷気が、上下に分かれて存在しているから。こういう部屋にいると、身体の上半分は暖かいが、足元はスースーして寒く感じる。
（撮影条件：11月中旬、外気温11℃、夕方18時頃に撮影）

図2　室内の熱環境の比較

これまで寒かった浴室や室3の環境が、体感的に劇的に改善

図3　玄関からの冷気を考慮し区画位置を変更した例

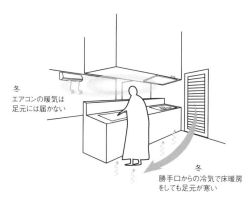

図4　キッチン脇の勝手口も「穴」になる　*2

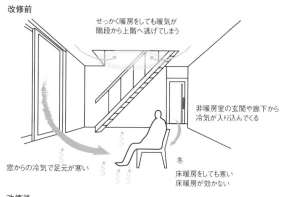

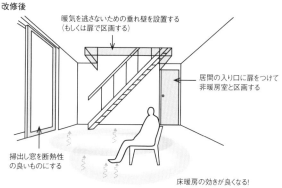

図5　階段から暖気が逃げて冷気が下りてくる　*2

ェック項目をすべて満たしていけばいいのです。ただしこうした情報は、より良いものを選ぶためには便利ですが、すべてで満点を目指すことは難しいケースのほうが多いはずです。その時に重要になるのは、項目の重みづけを判断しながら技術や設計内容を選択していく技術です。

その技術とは、熱環境の原理原則を自分の体感で理解した上で（図2）、居住者の暮らし方や住まい方に合わせて選択する能力のことです。居住者の住まい方、暮らし方を丁寧に見ていけば、「すべきこと」と「したほうがよいこと」を仕分けられるようになるはずです。できなかったことは必要なかったこととも言えます。できなかったことは、居住者の変化（暮らし方などの変化だけでなく、収入等金銭面の変化も含めて）に応じて、後年に持ち越せばいいのです。

現在、熱環境の最上級モデルを考えれば、家全体を厚い断熱材できちんとくるみ、開口部に庇などの日射遮蔽装置をつけた上で、ダイレクトゲイン、通風などのパッシブ技術、自然エネルギーや電気やガスで働く暖冷房設備を入れて、家全体の熱環境を整えることになります。可能であれば、ぜひそれを目指すべきと思います。しかしながら現実的にコストがかけられない場合は、1日における家の中での動線を把握して、空間の優先づけをして熱環境を整える領域を絞っていきましょう。特に、これから増えるであろうリフォームの際には、このような空間の把握が重要になります。

優先順位が決まったら、冬に関しては、それらの空間を他の場所と区画をすることが重要です。見落としがちですが、住宅には望まない外気の侵入を許す「穴」があります。これは欠陥などではなく、玄関ドア（図3）や浴室の窓、通気性を考えてジャロジー付きにしたキッチン脇の勝手口（図4）といった箇所は、冬には熱の穴となる部分です。熱性能の低い住宅はある意味「穴だらけ」なので、どれか1つの穴が気になるということがないのですが、一部の性能が上がると、わずかな「穴」によって快適性が左右されます。これらの冷気侵入箇所を織り込んで、冷気の侵入を許容する領域と快適領域をどこで区切るか、暖房の区画を考えたプランニングが必要です。

戸建て住宅の場合に見逃しがちなのは、居間にある階段です。特に日が落ちた夜間は、せっかく1階で暖房していても暖気は階段を伝って上階に上り、寒い2階からの冷気が1階に下りてきます（図5）。多少工事が増えても、階段の区画を考え

ていないと1階部分の断熱改修工事の効果が台無しになります。

夏については、東向きや西向きの窓から取り込まれる日差しが室内に大きな影響を及ぼします。それは、東や西にいる太陽は低い位置にあり、低い位置だと太陽からの日差しは室内の奥の奥まで到達するからです。夕方、すでに昼間の熱を溜め込んでかなり暑くなっている室内に、ダメ押しのように西日が窓の正面から入ってくるということです。断熱性を高めた住宅では、その熱までも保温することになります。そんな室内をエアコンで冷房している環境を想像してみてください。夏は不必要に入り込んでくる太陽の熱を防ぐために、窓ガラスの外側にすだれや日除け、植物によるグリーンカーテン(図6)等の手立てを講じることが今まで以上に重要になります。

夏の住環境は、室内の風通しが良くなると、かなり快適になります。『徒然草』に"家の作りやうは、夏を旨とすべし"とあるように、日本の住宅は古来、蒸し暑い夏をしのぐことに重きを置き、風が抜けるようにつくられてきました。近年は個室を重視した間取りが多くなったことで、風が通り抜けられない家が増えているように思います。家の風通しの可否はプランニング次第です。窓があれば風が通り抜けるわけではありません。屋外の風向きを調査し、その風を取り込む入り口と、室内の空気が出ていく出口、そして入り口から出口まで途絶えない風の通り道が必要です。風通しの良い間取りが完成したら、居住者が季節に合わせて開閉することで、初めて、風通しの良い家になります。夏は開放的に、冬は閉じるといったような季節に応じた間取りの改変が可能なように、間仕切りを引き戸にしておくということも有効でしょう。

家族構成の変化やライフステージによって、求められる熱環境は異なります。住宅の設備機器や暖冷房方式などを検討する場合には、重要な視点になります。わかりやすいよう、子どもを持たない共働き夫婦の家庭で考えてみましょう。夫婦ともに現役で仕事をしているうちは、ウィークデイの日中はほとんど人が在室しません。在室する朝晩の数時間が快適であることが求められます。短時間で素早く室内が暖まるような設備機器の導入も検討が必要です。せっかく床暖房を入れていても、日々の生活ではガスファンヒーターが主な暖房になっている家庭も見かけます。この夫婦がリタイアすると、対照的に、ほぼ終日在宅することになります。そのようなライフステージになると、即効性よりも、トイレや浴室まで含んだ家全体がいつもほんわか暖かいような家のつくりや設備機器の選定が求められるでしょう。

どのような室内環境を目標にするのかは、ライフステージや家族構成などによって変わるものなのです。すべてについてトップランナーの設備、最上級のやり方を選択することが、必ずしもその家族の最適解にはならないことを理解し、柔軟に考えましょう。

体感で理解したい暑さ寒さの普遍原理

熱環境をデザインする究極の目的は、居住者が心地よい暖かさ、涼しさを感じられるようにすることです。そのためには、そもそも人はどんな時に暑い、寒いと感じるのか知っていますか?

(1) 人が暑さ、寒さを感じる仕組み

人は、食べ物を食べて燃焼させ、エネルギーに変えることで生存しています。身体は常に燃えているのです(図7)。その燃焼による熱は、70~100W/人と言われています。人は夏でも冬でも、

図6　バルコニーのグリーンカーテン　*3

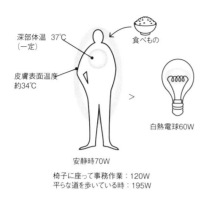

図7 人間は発熱体 *2

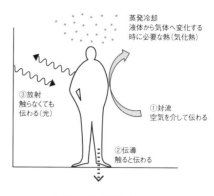

図8 熱の移動 *2

体内でつくられた熱を外に捨てています。発生する熱よりもたくさんの熱が身体から外に流れると人は寒く感じ、発生する熱が十分に捨てられないと暑く感じます。冬は体温が逃げやすいので寒く感じ、夏は体温が逃げにくいので暑く感じるのです。熱が溜まり続けると熱中症などになり、熱が流れ過ぎると凍えることになり、どちらも最終的には死んでしまいます。程よく身体から熱が流れるということが大事なのです。

(2) 熱の移動の方法は3＋1

では、どのように身体から熱が流れるのでしょうか？ 熱は温度の高いほうから低いほうに流れます。そしてその流れ方には3種類あります。人の身体を例にして説明しましょう(図8)。

①**対流熱伝達**(略して対流)：温度の高いほうから低いほうへ、空気を介して伝わる熱。皮膚や呼吸によってまわりの空気に伝わり、気流があるほどたくさん伝わります。夏に風があると涼しく感じるのはこの対流のおかげです。一方、冬に隙間風があると寒いのもこの対流という熱の伝わり方があるからです。

②**伝導**(熱伝達)：温度の高いほうから低いほうへ、固体内を流れる熱。表面温度が同じ金属板と断熱材の両方を触って比較すると、金属は冷たく断熱材は暖かく感じます。これは、金属は熱を伝えやすいので、触ると手のひらの熱が金属にたくさん流れるために冷たく感じ、断熱材は熱を伝えにくいので手の熱が流れにくいために暖かく感じるのです。

③**放射**(熱伝達)：空気の媒介を必要とせず、高温部から低温部に向けて光線のように伝わる熱。体表面温度よりも高温のもの、低温のものがあると熱の流れを感じます。たとえば、夏に高温になったアスファルトから立ち上るもわっとした暑さ、冬に冷えた窓ガラスの側にいる時のヒヤッとした感じがこの放射による影響です。温度差が大きいほど熱がたくさん流れます。

温度とは関係ありませんが、身体からの熱の流れという点で大事なものに、**蒸発冷却**があります。気化熱ともいい、水が気体に変化する時に表面から奪う熱のことです。身近なところでは、汗が蒸発する時に涼しく感じるのは蒸発冷却によるものです。夏に相対湿度が高くなると、汗が蒸発しなくなることで身体から熱が逃げなくなるので、非常に蒸し暑く不快に感じるのです。

(3) 室内の熱の流れをつくる環境要素

対流・伝導・放射・蒸発冷却による熱の流れが私たちの身体のまわりで常に複合的に起こることで、人は暑い、暖かい、涼しい、寒いといった感覚を得ているのです。そして、この熱の流れ方を決める環境要素として、次頁の図9のように、相対湿度、風、気温、周囲の物体の表面温度の4つがあります。これに人側で調整する衣服(着衣量)と活動量の2つを加えて、体感を決める6要素と呼ばれています。

室内の空気温度が熱の流れに影響することは簡

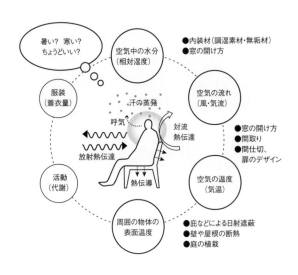

図9　熱の流れ方を決める6要素 ＊2

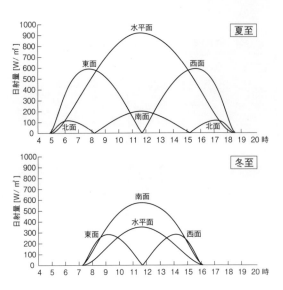

図10　水平面・鉛直面が受ける直達日射量の違い ＊4

単に想像がつきますが、壁の構成によって天井や壁の表面温度が変わると放射による熱の移動量が変わり、体感が変わるということも忘れてはいけません。人の体感には、空気の温度と同等に周囲の壁や天井の表面温度が影響しています。また、間取り次第で室内の風の流れは変わり、対流による体感に加えて、蒸発冷却の効果も加わります。内装材の調湿機能次第では、室内の相対湿度も変わります。これら建物の性能を整えた上で、足りない部分を補完するのが暖冷房装置というわけです。建築・建物・設備のデザインと身体まわりの熱環境がつながって見えてくると、エコハウスの見え方も変わるのではないでしょうか。

体感と熱の振舞いから考える熱環境デザイン

熱環境をデザインするのは特段難しいことではありません。1年、1日を通した太陽の動きといくつかの熱に関する原則ルールを押さえ、先に説明した人が暑さ、寒さを感じる仕組みと照らし合わせて想像していけば、どのようなケースでも応用が可能になります。

太陽の動きによる日射量の変化については、図10のグラフが参考になります。

普遍的な熱の振舞いは以下にあるような原則で整理できます。

原則1　熱は温度の高いほうから低いほうに流れる。流れる方法は、伝導・対流・放射の3種。

原則2　温度差が大きいほど熱はたくさん流れる。

原則3　暖められた空気は上昇し、冷やされた空気は下降する。

原則4　コンクリートやタイルなどは熱を溜めやすい材料で、厚みが厚いほどたくさんの熱を溜める。

原則5　光は物に当たって吸収されると熱になる。夏の日射は窓ガラスの外側で防ぎ、室内に入れない。

(1) 屋根・天井と壁の断熱、優先させるのは?

屋根か壁、どちらかの断熱性能を重視するとなれば、屋根の断熱を基準よりも多めにするという判断もあります。

日本の緯度帯では、夏に圧倒的な日射量を受けるのが水平面で、鉛直面で最も多い日射量を受ける東西面の1.5倍以上です。そのせいで、夏には屋根の表面温度は50〜60℃にもなる場合があり

ます。原理1、2にあるように、熱は温度の高いところから低いところに流れ、温度差が大きいほど多く流れます。表面温度が高くなった屋根面から温度の低い室内に大量の熱が流れ込んでくることが想像できます。屋根や天井の断熱が少ないと天井の表面温度はどうしても高温になります。

また原理3にあるように、暖かい空気は上部に溜まり、冷たい空気は下部に溜まりますから、冷房をしても冷たい空気は下に溜まり、熱い天井は熱いままになることが想像できます。

2階を寝室にする間取りをよく見かけますが、横になった身体全体に、熱い天井から放射によって熱が流れ込んでくる室内環境を想像してみてください。屋根や天井の断熱は、壁とは格段に重要であることが理解できると思います。

(2) 断熱改修のコスト調整部位

リフォーム時などでは特に、壁を断熱するかどうかがコストに大きな影響を与えます。特に関東以南の温暖地であれば、諸般の理由によって壁の断熱が十分にできない場合は、壁よりも窓を優先して性能を上げるという割り切りがあってもいいと思います。

図11のグラフとサーモ画像からわかるように、窓は建物に開いた大きな熱の穴なのです。冬の暖房時に窓が結露するのは、窓ガラスや枠の表面温度が低いからです。結露はカビを発生させ、室内の空気質の悪化にもつながります。何はともあれ、まずは窓の断熱性能を上げましょう。

繰り返しますが、暖かい空気は上昇し、冷たい空気は下降します。サーモカメラの画像を見ながら、エアコンから吹き出された暖かい空気は上部に溜まり、窓近くにくると窓面で冷やされて下降している様子を想像してみてください。暖房を続けても、窓で冷気が製造されている限り冷たい空気が床を這うことになる状況がイメージできたでしょうか。窓の性能を上げることで窓の表面温度が上がります。そうすれば、冷やされて下降する空気の量が減り、足元の寒さが改善されていきます。窓の性能アップは単なる省エネ以上の効果があるのです。

ただし、内装がコンクリート打放しの上にモルタル、クロス貼り、ペンキ仕上げ等の建物で断熱

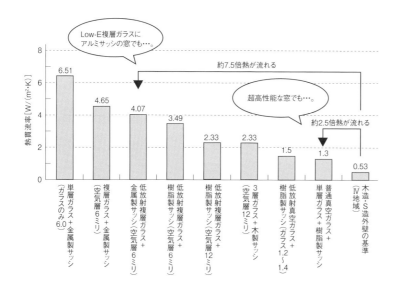

2015年1月21日、
午後3時半頃撮影
外気温：3.5℃
空気温度：23℃
エアコン設定温度：23℃

図11　窓と壁の熱貫流率※の比較　*5

が施されていない場合は、窓だけでなく、壁もきちんと断熱をしたほうがいいでしょう。原則4にあるように、コンクリートという素材は熱を蓄えやすい（蓄熱性がある）材料です。このコンクリートの躯体が熱をたくさん溜め込み、冷えた壁（熱い壁）が長時間にわたり悪さをします。たとえば、夜に帰ってきてから暖房（冷房）をしてもなかなか暖まらない（冷えない）、暖房をして空気の温度がほどほどになっても壁や床の表面温度が低いままなので、放射で暖房の熱が奪われて底冷えがするといった熱環境になることが想像できます。これはこれで、非常に辛い環境です。

(3) 窓に必要なのは断熱性だけ？

窓は建物に開いた熱の穴と言いましたが、夏は窓から日射を取り入れたくないが冬は取り入れたいといったように、熱の逃げる穴でもあり、入ってくる穴でもあります。窓には季節によって相反する機能が求められるのです。複層ガラスが標準化している現在、さらに性能の良い窓ガラス、サッシを目指す時には、遮熱性、断熱性、どちらかの機能を強化させることになるでしょう。優先順位をつけて選択をしていく際に重要なのが、窓の方位（図12）と太陽高度（図13）です。

先の図10にあるように、夏に最も日射を受ける面は、東西に面した窓です。そこで、この面は夏の対策として日射の遮蔽の性能にこだわりましょう。日射遮蔽の原則は、原則5にあるように、窓ガラスの外側での遮蔽です。日射遮蔽の代表的な建築エレメントは庇ですが、東や西にある太陽は窓のほぼ正面の高さにあるので、庇はほとんど機能しません。居住者がひと手間かけて、窓ガラスの外側にすだれなどを掛けたり、樹木などで日差しを遮るような古来の方法が最も効果的です。マンションなどで窓ガラスの外側で対応できない場合には、遮熱型のLow-E複層ガラスなど日射遮蔽効果の高いガラスを使用しましょう。

一方、南に面した窓は、冬に入ってくる日射を大事にすることを考えましょう。夏の日射遮蔽を考える際も、冬の日射取得を妨げないものを選びましょう。夏の日差しは遮っても冬の日差しを遮らないような庇や横桟ルーバー、取外し可能なすだれ、冬に葉を落とす落葉樹などが最適です。冬の日射取得を考えれば、大きな面積の開口部にするということもあるでしょう。面積を大きくするのであれば、取り入れた暖かさを逃がさないように断熱性を上げる工夫を考えましょう。断熱型のLow-E複層ガラス、2枚のガラスの間に熱を伝えにくいアルゴンガスを封入したもの、トリプルガラスなども市販化されてきています。断熱性を上げるには、室内側に障子を設ける、サッシを二重化するなどの方法もあります。

北面の窓は、日差しがほとんど関係しませんので日射取得は考えず、とにかく断熱性能が最優先です。リフォームで手軽に断熱性を向上させるには、室内側にもう1つサッシを取り付けて二重窓にする方法は費用対効果が高いと思います。熱とは関係ありませんが、日射の入らない北の窓は、実は採光には最適な窓です。直射光はまぶしく物を見ることには適しません。直射光を含まない北窓からの光は、晴れでも曇りでもあまり明るさが変化せず、年間を通して照明として有効に利用できます。そんなことを考えると、なるべく透明ガラスで断熱性の高いものを選ぶというのも1つの方向性でしょう。

方位以外に、窓を検討する際のポイントとして窓の使われ方があります。洗濯物を干すベランダやテラスにつながる窓の場合は、日に数回開閉することになります。頻繁に出入りする場所では、二重窓を煩わしいと感じる人もいます。そういった場所は、思い切って性能のいい窓に取り換えるというのも選択肢の1つです。

施工の大変さから考える優先順位

熱の振舞いとは別に、新築時の熱環境性能を選択する際には、後から施工しやすいかどうかという点も判断基準として大切になります。

壁や屋根・天井の工事は大規模になりますが、費用の問題を別にすれば、壁は外からの工事も可

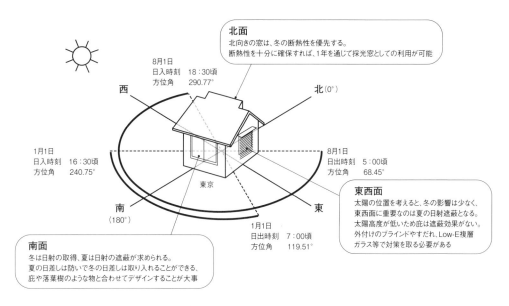

図12　方位による窓に求められる熱性能　*2

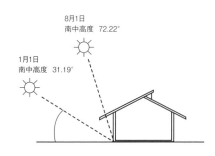

図13　太陽の動き　*2

窓の熱環境をデザインするには、
太陽の動きを立体的に把握することが重要。
季節ごとの南中高度だけでなく、朝から夕方までの1日の
太陽の動きを立体的に把握することで、適切な対策を選択
していくことができる

能な場合があるので住みながらの改修も可能です。天井の場合は、天井裏の高さが十分にあれば吹付け断熱施工という方法がありますので、断熱を施すことは比較的簡単です。

後からの施工が一番簡単なのは窓です。窓を枠ごと取り換えるのは大変ですが、内窓を取り付けたり、ガラスのみを取り換えたりと、簡単にできる手法がいろいろとあります。ただし変形ガラス（丸型、コーナー型、ジャロジーなど）になっている場合は、難しくなります。

日射遮蔽については、新築時に窓ガラスで性能を確保することも可能ですが、窓ガラスの外側に簡易的な日除けを取り付けることで遮蔽することもできます。実は、窓ガラス自体の性能で遮蔽効果を上げるよりも、窓ガラスの外側にすだれやスクリーンなどを取り付けるほうが日射遮蔽の効果は大きくなります。窓の外に日除けを安全に取り付けられるケースであれば、新築時にフック等を付けておくなどの工夫をしておけば、竣工後に住まい手が自ら手を加えることが可能です。新築時に性能の良いガラスに固執せず、住まい手が手を施すことができそうかどうかの判断をすることが重要ではないでしょうか。

一方床の場合は、後から断熱材を入れるのは少

し大変です。人が這って工事できるような十分な床下空間があれば、床下から吹付けの断熱施工をすることが可能です。床下空間がない場合には室内側から工事をすることになり、床を全面的に剥がして床材を取り換えることになりますので、住みながらの改修が難しく費用もかかるでしょう。改修内容によりますが、断熱材を入れることで床の高さが変わってしまうと、室内のドアや階段などすべての内装に関係してくるので大工事になります。室内側からの床断熱工事は、バリアフリー化などの全面床改修が必要な時に行うのが効率的でしょう。

設備機器に関しては、10〜15年程度で機器の寿命がきて、取換えが必要になります。その時々に応じて、自分のライフスタイルや経済状態に適したものに更新していくことになるでしょう。配管も含めての更新は20〜30年のスパンになります。そのくらいの年月が経つと、家族構成やライフスタイルも大きく変わっていることが想像できます。設備だけではなく、間取りの改変までを含めた家全体のリフォームと一体的に、全面的に更新していくことになるようです。

屋外環境は1時間、1日、1年を通して時々刻々と変化して流れていきます。家に住まう人それぞれの暮らしには、その家族なりの時間の流れがあります。目には見えませんが、建物と人の間で常に熱の流れがあります。それぞれの時間を読み解き、パズルを解くように構成していくのが熱環境のデザインだと思っています。それは、通常の設計行為となんら変わりません。技術のノウハウも成熟してきた現在ですから、どんな人でも心地よい熱環境を手に入れられるように、住まい方を丁寧に読み解きながら時間を織り込んだ設計が熱環境のデザインについても重要ではないでしょうか。

そのような住まいが完成した暁には、想定したような環境、省エネ性能を手に入れるために、居住者が建物の仕組みや使い方を理解して、その建物に合った使い方をすることが重要です。これからの設計者には、「住まい手もこれくらいはわかっているでしょう…」といった思い込みを捨て、建物の使い方を丁寧に説明することも必要になってきます。設計者の説明の内容が居住者の心に届き、建物への興味や関心を持ってもらえれば、居住者はさらなる最適解を求めて試行錯誤しながら、自分の住まいをチューンナップしていくという行動につながります。住まいは、ボタン1つで誰かに自動的にコントロールされるものではないと思っています。扇風機の位置を少し変える、ドアを季節に応じて開閉するといった、ほんの少し自分がかかわる、手を加えることで環境が良くなるような時間の積重ねが、エコ住宅、エコハウスにさらなる魅力的な時間を織り込んでいくことになるのではないでしょうか。

出典・参考資料・クレジット
*1：以下の参考文献を元に、廣谷純子作成。
『設計のための建築環境学』p 82-83、彰国社、2011年／『省エネ法住宅事業主の判断基準 断熱性能等判断基準』(財)建築環境・省エネルギー機構、2009年／住宅の省エネルギー基準早わかりガイド、一般社団法人 日本サステナブル建築協会／千羽範尚、真鍋恒博、「我が国における建築用断熱材の変遷」、日本建築学会学術講演会梗概集 p 674、2003年9月／複層ガラス、Low-E複層ガラス普及率の推移、板硝子協会／『木製サッシ市場実態調査』財団法人日本住宅・木材技術センター、1991年3月／新木造住宅技術研究協議会ホームページおよび各企業のホームページ等（順不同）
*2：イラスト作成協力＝前川真理
*3：写真提供＝風大地プロダクツ
*4：『最新 建築環境工学 改訂2版』p100、井上書院
*5：『設計のための建築環境学』彰国社 p52の図に加筆して廣谷純子作成
特記のないものは、廣谷純子提供

03 住まいに時間を織り込む術：インタビュー
スピーク（SPEAC）／近畿大学建築学部 准教授　宮部浩幸

中古住宅再生から見た住宅の時間

リノベーションはデザインのリレー。
つないでゆけば、まちに時間が蓄積されます。

建築から不動産へ

　SPEACは建築学科出身の3人がメインメンバーの、不動産と建築に関する会社です。「東京R不動産」として賃貸や売買の仲介といった「不動産屋」の仕事も行っていますが、都市開発から個別の不動産再生の企画立案、事業計画、プロジェクト推進、ブランディングまでを一貫して行っているのが私たちの特徴と言えるかもしれません。もちろん、新築・リノベーションを問わず建築やインテリアの設計もやっています。最も得意なのは、標準的な不動産事業者やデベロッパーが価値を見出さない、あるいは見放した建物の再生事業です。「東京R不動産」はそもそもSPEACの吉里裕也とオープン・エーの馬場正尊さんが始めたサイトで、従来の価値観では不動産マーケットにのらないような、クセがありながらもわかる人には魅力がある物件を扱ってきました。標準からすればマイナスと言われる要素があっても、バルコニーがすごく広かったり、緑に囲まれていたりと、それ以上の面白さを感じる要素があれば紹介しています。「東京R不動産」は、事業と社会の問題を空間と仕組みのデザインで解決しようというSPEACの理念をわかりやすく表現しているレーベルと言えるでしょう。

　建築を勉強して、デザインのトレーニングを積んで、たくさんの人たちが個々の建物を設計しているわけですが、それでできた都市がどうしてきれいじゃないんだろう（**写真1**）、楽しくないんだろう。これまで大学で建築のロジックを勉強してきたけれど、実際にまちを決定づけているのは不動産のロジックじゃないのか…といった意識が、SPEACの3人に共通しています。世の中に楽しい空間を増やそう、わくわくする空間や場の仕掛けをつくろうと思った時、空間デザインだけでなく不動産のロジックまでわかった上でやれば、世の

写真1　渋谷の風景
それぞれの建物にはもちろん設計者がいて、よく考えて建てられたはずなのに、集合するとどうして美しいと感じられないのだろう。

写真2　駅前の風景
商業施設の入った駅ビル、飲食のチェーン店に囲まれ、バス停が点在するロータリー…。駅前の風景はどこも同じように見える。

中にとって有効なものが生み出せるのではないかと考えました。更地にして再開発という常套手段以外に事業として成立するスキームが見出せれば、スクラップアンドビルド一辺倒のサイクルからも抜け出せるし、全国の駅前やロードサイド、郊外住宅地がクローンのように均一になる状況(写真2)からも解放されると思いました。

既存住宅のポテンシャルをどこで見るか

住宅を持て余している人、住宅を買いたい人、借りて住むところを探している人といったさまざまな立場の人から相談を受け、実際にたくさんの建物を見て、再生してきました。そうしているうちに、建築関係者が言う「建築作品」としての評価とは異なる、再生するという視点からの住宅の良し悪しといった判断基準を持つようになりました。

まず、間取りや設備は大した問題ではありません。この本ではそこをあらかじめ熟考した住宅がたくさん紹介されるのでしょう。もちろん、新築時に先々の自由度を考慮してあればリノベーションの費用が抑えられますから、それに越したことはないのです。ただ、それらは後から変更できないという事柄ではありません。重要なのは、改変

がコスト的に、あるいは物理的に大変な事柄です。ここでは、大切な項目を3つ挙げましょう。

(1) 建物配置と建物のまわりの余白

後からではどうにもならないのは、配置計画。これがいちばん大きいですね。建物のまわりに空隙——住空間として使っていない余白があるかどうかは最初にチェックします。狭い敷地であっても、住宅を片側に寄せて少しでもまとまった外部空間が取ってあれば、内外のつながりをつくることができ、劇的に豊かになります。「高田馬場の家」は、木造住宅密集地の小さな路地に2mだけ接道していて、敷地の他の3辺は同じような木造2階建ての建物が建て込んでいました(写真3)。窓を開ければ隣の外壁という状況です。そんな中、接道の2mをそのまま敷地に引き込んだような幅2mの外部空間が取ってありました。小さな内部空間と連続するようにここを生かせば、広がりも感じられる気持ちのよい住環境にできると考えました。ちょっとしたスペースでも屋外で過ごせる場所があることで暮らしが楽しくなりますし、何より、採光や通風への貢献は置換えがききません(写真4)。

大きな外部空間がある場合は、これを使わない手はありません。「目黒のテラスハウス」は元は

写真3 改修前の「高田馬場の家」
幅2mの路地の突き当たりにある敷地。この面以外は同じような木造住宅に囲まれている。

写真4 改修後の「高田馬場の家」
幅2mの外部空間にリビングの床面に揃えてウッドデッキを敷き、内部空間を延長した。屋外の余白スペースがまとまっていることのアドバンテージは大きい。

写真5　改修後の「上石神井の家」
開口部の位置、大きさは一切変えていない。もともと内部空間が雁行しながらつながる構成になっていて、シークエンスも変化に富む。

写真6　「プレハブ住宅のリノベーション」
3つの個室を一体化してワンルームとし、本棚で囲われた入れ子状の「親子で川の字就寝」のスペースをつくった。

大きな庭のある一軒家でした。これの活用を提案したわけですが、一軒家として貸すには家のサイズが大きすぎました。そこで家も庭も2分割して長屋にコンバージョンしています。この時各住戸のサイズは65㎡となり、周辺にあるファミリー向けマンションと同サイズですが、庭が圧倒的な価値の差になります。大きな庭のついている65㎡の住宅というのは、この住宅周辺には見当たりません。外部も使って暮らすということを提案できれば、それが自ずと住宅の魅力になります（p.102参照）。

(2) 開口部の取り方とその先に見える景色

配置計画ほど決定的ではありませんが、建物の中で後から変えにくくて重要なのは、開口部。窓から見える景色はこちらで変えることはできませんし、開口部の取り方は室内の光の状況や風の抜けに大きくかかわります。もちろん、開口部の位置や大きさを変えることはできますが、外装と内装にまたがってくるので工事費が嵩みます。開口部は中古住宅を見る時の重要なチェックポイントです。「上石神井の家」（p.98参照）は建て込んでいる住宅地にありますが、もともとの窓の位置そのままで十分な光と風を呼び入れることができています（写真5）。開口部に関して、これは判断基準とまでは言いませんが、霧除けや小庇が外壁や木製建具の劣化を抑える効果は絶大ですね。築50年近い住宅の木製建具がなんの支障もなく開閉できるのは、庇があったからでしょう。たくさんの中古住宅を見て、自分自身のデザインも考え直すようになりました。

(3) 構造が許す間取り改変の自由度と構造設計の情報

中古住宅の購入に当たって耐震性能は当然心配ですが、補強する手段はたくさんあります。構造に関しては、プランの自由度と構造躯体の使い回しが両立できるかどうかが重要です。木造軸組構法は最も使い回ししやすい構造形式ですね。RC造、木造でも壁式や2×4構法は、プランがある程度規定されてしまいます。こうした構造形式の場合でも、建築構造の情報、できれば構造計算書があると、後からの改変でもきちんとした構造の判断ができるので安心です。構造計算書がなければ、もちろん、現況調査や図起こしを行います。困ったことがあるのは、ハウスメーカーの住宅です。特許が絡むからでしょうが、建て主に構造計算書が渡されていないのです。小割りの部屋を大きなワンルームにしたいというのはよくある希望ですが、間仕切り壁を非耐力壁とみなしていいのかの判断に迷います。ハウスメーカーの住宅をリノベーションした「プレハブ住宅のリノベーション」では、現場で仕上げを剥がしながら、構造を確認しながら計画を進め、大きなワンルーム空間をつくり出しました。そのワンルーム空間に本棚で囲んだ入れ子状の空間を設け、クライアントが

望んだ「親子で川の字就寝」の場をつくりました(**写真6**)。本棚の荷重に関しては、梁の追加で補強を行っています。

風景としての住宅ー風景のリノベーション

ここからは、私が再生のデザインをしていく上で意識していることを述べていきます。最初は、風景として住宅をとらえるということです。

住宅は個人財産ですが、近隣の風景をつくっているという意味で社会的な財産でもあります。私たちはもともと、まちがこんな状況になっていることに疑問を感じて不動産のロジックを下敷きにデザインを考え、どんな提案ができるかを追いかけてきました。リノベーションの仕事に積極的に取り組んでいるのも、中身がどう変わろうと、さらには外装がどう変わろうと、建物が残ればその敷地、区画が細分化されないで残る、まちの風景が変化を伴いながらも継承されていくという意識があるからです。ましてや、まちの点景・ランドマークとして特異点を持つ住宅はその近隣の風景を決定づけていますから、なんとかして残すことができる事業企画を考えたくなります。

「時をかける家」は大正時代に建てられ、老朽化した木造平屋建ての住宅でした。人が暮らさなくなって建物も庭も荒れてきていましたが、クライアントはこの家に愛着を持っていました。長期海外赴任が決まり、在外中は頻繁に様子を確認することもできないので、この機会になんとかしたいという相談を受けました。かなり古いので現地を見る前は再生できるかどうか不安でしたが、現地調査に行くと、近づくにつれレトロな洋館が望めます。この住区に暮らした代々の住人たちの記憶に、刷り込まれているに違いない風景です。海外赴任中は賃貸住宅として工事費を回収し、帰国後はクライアントが住むというプログラムでこの風景が残りました(**写真7**)。

「蔦の家」は、空き家になって十数年、蔦が絡まって窓が開かないような状態でした。クライアントから実家をなんとか活用したいと相談を受け、写真を見てすぐに、この風景を残したいと思いました。蔦がこれだけ繁茂していれば外壁への影響はあると思いましたが、この蔦がこの建物のアイデンティティで、この街角を特徴づけていることは揺るぎのない事実でした。4〜5年で回収できる工費内で行うという企画で、蔦はそのままにSOHOとしてリノベーションをしました。や

*1

上:写真7 改修前の「時をかける家」
大正時代に流行った、玄関脇に接客用の洋館を併設した和風住宅。この風景はこの地域の公共財産でもあると思った。

右:写真8 改修後の「蔦の家」
曲線道路のコーナー部に位置していることもあって、この蔦に覆われた小さな家は近隣住民のランドマークになっている。

がては外壁の補修も必要になってきますが、その時には建物が修繕費用を生み出しているでしょう(**写真8**)。

　まちのランドマークとなっている建物は、建物をというよりも風景を継承し、リノベーションするという意識で考えます。不動産的な知見と建築的な知見を使って建物が残るようにしているわけですが、それは同時に風景を残すことにもつながっています。

時間を溜める素材

　リフォームメーカーの商品に「新築そっくりさん」という、言い得て妙のネーミングがあります。消費者にアピールするからこそのネーミングでしょうから、まさに現代人の価値観を反映していると言えるでしょう。つまり、新築の状態がベストという価値観です。私は、この価値観には違和感があります。

　合成樹脂系、プラスチック系の素材は、素材の中に時間を溜めることができません。住宅を再生する時に、こうした材料はほぼすべて更新する必要が出てきます。しかし、木や金属を素地で使った場合はそこに時間が溜まるのです。中塗り仕舞いのような土壁も、多少の汚れや傷も味となり、時間を蓄積していきます。一般の人には「古色を帯びる」と説明しますが、古色を帯びることができる素材を選択的に使うことで、住宅に時間を織り込むことができると思います。

　「1930の家」は1930年に建てられた個人住宅でした。家族がすべて自前で家を持ち、ここに住む人がいなくなった後は賃貸されていましたが、空き家となってしまいました。老朽化したままの空き家で残せば次の世代の人が困ると考えた高齢の男性から、再生の依頼を受けました。広い敷地、豊かな外部空間とともに、80余年という時間がつくり上げた古さを価値に変換することをベースに、リノベーションを考えました。ここで力を発揮したのは、木部がその中に溜めていた時間です。既存の天井を剥がして小屋組みを見せ、塗土

写真9　改修後の「1930の家」
空き家のまま放置されていたため建物も庭も荒れていたが、もともと丁寧につくられた住宅である。古色を帯びた木材が80余年の時間を蓄えており、塗り直した漆喰壁や貼り替えた障子紙の白さ、フローリングや天井の新しい木質材との対比により他にはない価値を生み出している。

が落ちかけていた左官の欄間は土壁の中の小舞竹を現しにしたスクリーンとしました。建具金物の真鍮も古色のまま再利用したものがいくつもあります。白い壁はすべて塗り替えています。古色の部分と真新しい部分の混在のバランスがこの住宅の肝です(**写真9**)。

デザインのリレー

　たくさんの中古住宅を再生してきましたが、時々「これは建築家としてのトレーニングを積んだ人が設計したな」と感じる住宅に出合います。建築家がしっかりと設計したものには、必ず、デザインのルールらしきものが見え隠れしていますから、見ればだいたいわかります。そういう時は、デザインのルールの解読に努め、その路線の魅力に何を上乗せできるか、何をつなぐことができるかを意識します(p.98「上石神井の家」参照)。リレーの第2走者としてのデザインです。もちろん第3走者がいるであろうことを意識して設計を進めます。

　多くの建築家は、スタートからゴールまで自分1人で走りきることしか想定していないように思えます。竣工したらそれで終わりという感覚です。「19○○年竣工、建築家○○」のような長い時間の歴史の一瞬だけを切り取る近代の歴史記述も、それを反映しているように思えます。近代化

*2

写真10　東京大学本郷キャンパス
内田祥三設計のいわゆる「内田ゴシック」の建物が多く、増築、改修は「内田ゴシック」との対比的なデザインになりがちである。

以前は建築ができ上がるのにものすごく時間がかかりましたから、1つの建築に複数の建築家がリレーのようにかかわっていることがごく当たり前だったと思います。現在は状況が違いますが、日本でもストックを活用していくことが前提となっていくでしょうから、1つの建物にかかわる建築家は複数になるでしょう。建築家の死後も建物は残るのです。

20世紀以降、古い建物に増築を行う場合は既存建築と対比的なデザインで、まったくの別ものを挿入したり並置したりするというのが主流だったと思います。対比と差別化のデザインです。しかし、建築のデザイン的な適合性や一貫性を考えると、これを繰り返すことは不可能だと考えています。差別化の繰返しでは、バラバラな印象の建築や街並みが増えていくだけです。増築やリノベーションにおいてもランニングコースを新たにつくって、スタートからゴールまで1人で走りきろうとする設計スタンスにはどうしても疑問が残ります。

私はかつて、東京大学の助手として本郷キャンパスの計画にかかわっていました。日々、歴史的なキャンパスの景観を相手に、改修や増築を考えるという環境(写真10)です。新たな研究棟のデザインは既存建物の茶色いスクラッチタイルと対比を描くデザインが多かったですし、われわれもそのようなデザインをしていました。それを繰り返す中で、キャンパスの歴史的な景観がバラバラなものに見えてくるようになりました。

転機となったのは、その頃に旅行で訪れたポルトガルでの経験です。アルバロ・シザの作品集に載っていた「リスボンのシアード地区の再生」を見に行って、驚きました。シザの手による部分がどこなのか、わからないのです(写真11)。建物の中庭にそれらしき庇があるくらいです。シザは火事で焼けたこのエリアの再建、復原をしていたのですが、既存の街並みに、再建された新しい建築がなんの違和感もなく馴染んでいました。シザの

写真11　シザによる「リスボンのシアード地区」
既存の街並みや建築と対比的なデザインをすることが創造性ではないと教えられた、現代建築の巨匠による市街地の再生。

写真12　「ポウサーダ・サンタ・マリア・デ・ボウロ」
修道院をホテルにコンバージョン。「デザインのリレー」において、自分が走る区間で設計者がなすべきことのお手本のような仕事である。

ような現代建築の巨匠がこのような仕事に取り組む建築文化に、大変魅かれました。その後、1年間ポルトガルに滞在して国中を旅しましたが、シザだけでなくポルトガルの建築家たちの多くは、「建築デザインはリレー」というような感覚で仕事をしていました。シザと同じプリッツカー賞受賞者のソウト・デ・モウラによって旧修道院がホテルにコンバージョンされた「ポウサーダ・サンタ・マリア・デ・ボウロ」は、建築のデザインを適合性と一貫性を持ってつくり上げていく示唆にあふれています**(写真12)**。

「デザインのリレー」を意識すると、新築の設計でも、考えられることはたくさんあると思います。次にこの建物にかかわる誰かに向けて設計図や構造計算書といった基礎資料をきちんと残すのは当たり前ですが、次のリレー走者を意識して、建築そのものに工夫をすることです。素材選び1つをとっても、改修の際に必ず足場が必要な場所には廉価で耐久性があり、取替えや補修が簡単な素材を選び、高価で改修が大変な素材は足場なしでも作業ができる場所に用いれば、再生の際にコストが嵩むのを避けられます。さらに、もっと大切なことがあります。デザインです。建築そのものから、当初の設計者が何を考えて何を規範としてどのように構成を決めたのかが伝わるデザインが大切だと考えています。第1走者として次にバトンが渡せるかどうかは、そのあたりに答えがあると思います。

建築のデザインはリレー。新築であろうと増改築であろうと、それにかかわる自分はリレーの走者で、次にリノベーションをする誰かまでバトンをつなぐ。それを続けていけば、現在よりも時間のレンジが感じられる建築やまちになっていくのではないかと思っています。本当の成熟社会の文化というのは、そうしたところに宿ると思います。

撮影：＊1 山岸剛、＊2 畑拓（彰国社写真部）
特記なき写真は、宮部浩幸提供

第2章
時間を織り込む住宅の初期設定

責任編集　村田涼＋東京工業大学村田涼研究室

　家づくりを始める時、さまざまな夢や希望で胸が高鳴る。しかし、描かれる未来予想図には目の前に広がる楽しみだけでなく、家族の変化や老いといった将来における心配の種も含まれる。むろん、予算や敷地には限りがあるから、「あれもこれも」とすべての要望を盛り込むわけにはいかない。そのため、新築時でなければ実現が難しいものと将来の改修でも対応がしやすいものを判断し、時間の経過に沿った建物や住まい方の変化も織り込んで設計する必要がある。

　本章では、歳月を重ねても心地よく住み続けられるために新築時に配慮すべき事柄を「初期設定」と呼び、モデルプランで新築時点、15年後の改修、35年後の改修を具体的に示し、24項目の初期設定を通して、時間を織り込む住宅設計のポイントを解説する。

時間を織り込む住宅
モデルプラン

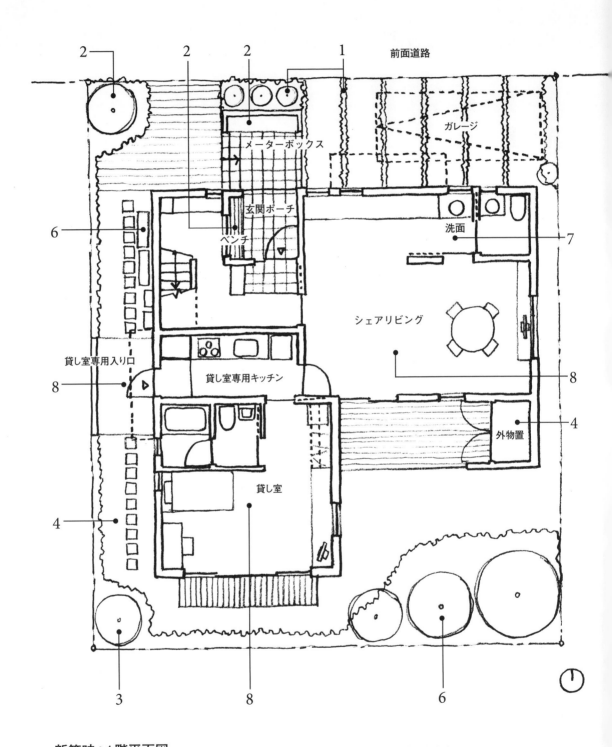

新築時：1階平面図　S=1/100　　　図面中の番号は、p.40以降の初期設定項目とリンクしている

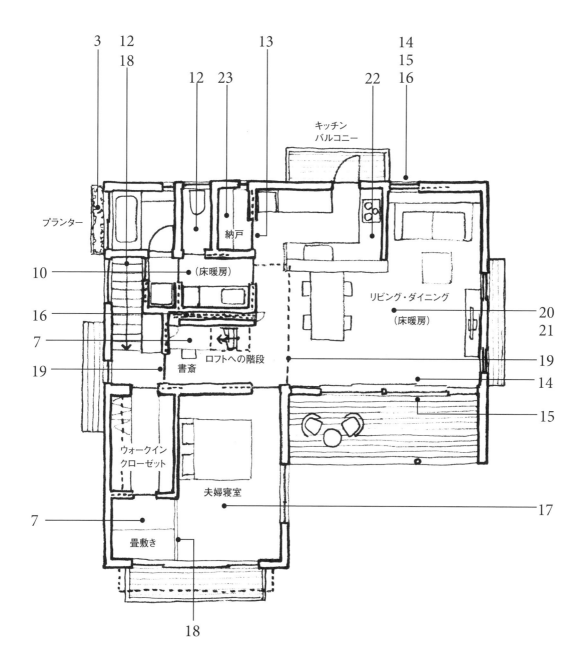

新築時：2階平面図　S=1/100

2階を夫婦と幼い子どもの主要な生活空間とし、1階の一部分を貸し室とする。庭に面したシェアリビングは、子どもたちのプレイルームやホビースペースといった家族のための場だけでなく、地域に開かれた使い方にも対応する。

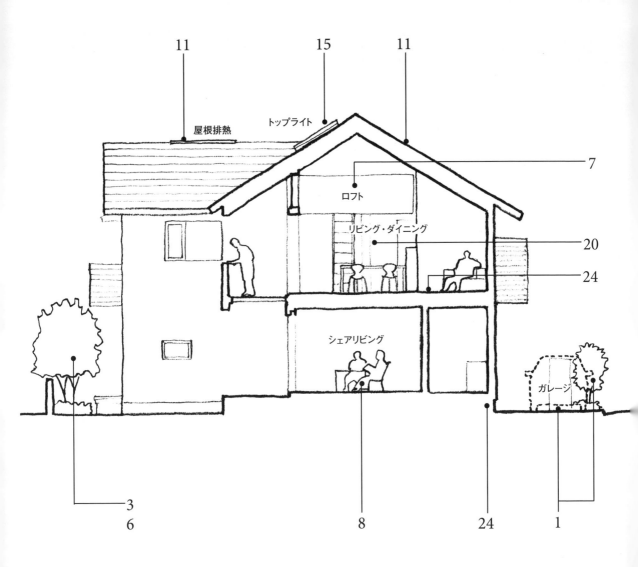

新築時：断面図　S=1/100

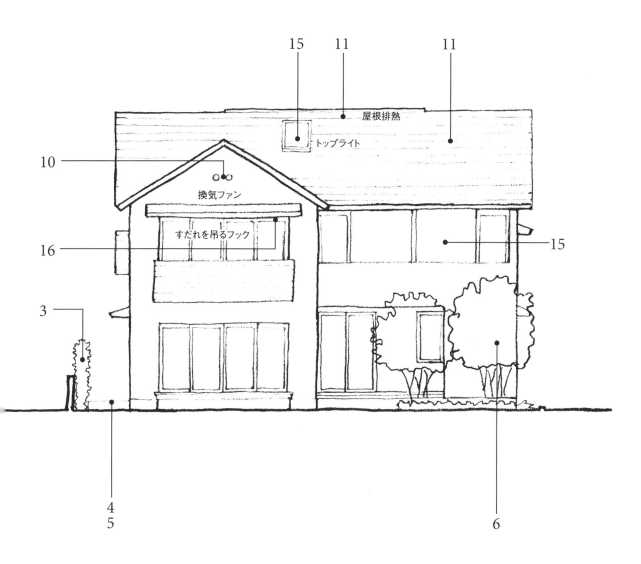

新築時：南立面図 S=1/100

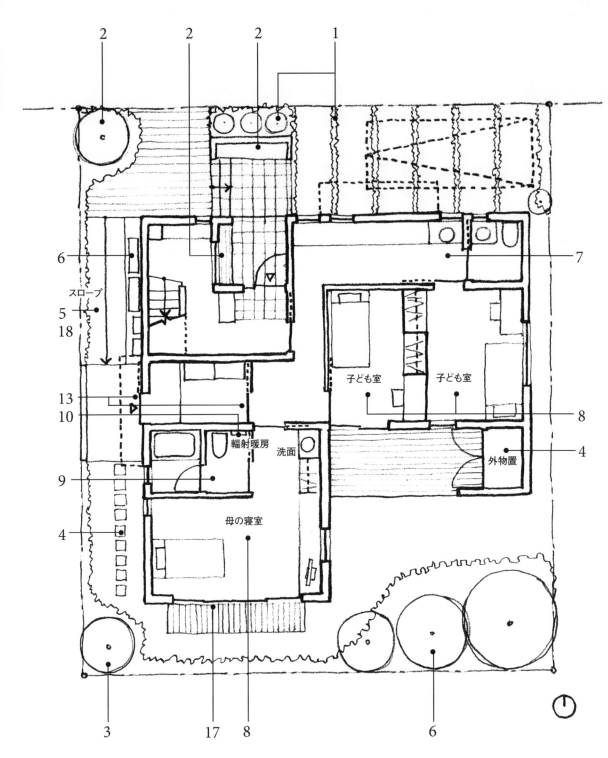

15年後の改修：1階平面図
S=1/100 （2階は新築時と同じ）

高齢になった母親と同居を始める。貸し室部分を改修し、水まわりを併設した寝室とする。車椅子の出入り用に、屋外スロープと引き戸を設置する。シェアリビングに間仕切りを追加し、成長した子どもたちのための個室にする。

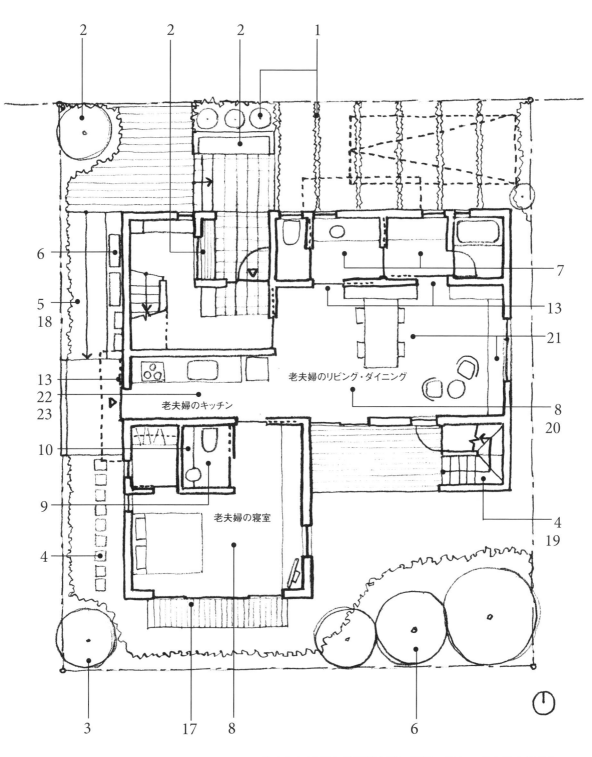

35年後の改修:1階平面図
S=1/100 (2階は新築時と同じ)

独立した子どもが結婚を機に実家に戻り、老夫婦+子ども夫婦の二世帯住宅となる。2階を子ども世帯の住まいとし、初老の年齢にさしかかった自分たちは、アクセスの良い1階に移り住む。

時間を織り込む住宅

住宅の初期設定

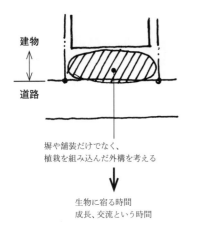

塀や舗装だけでなく、
植栽を組み込んだ外構を考える

↓

生物に宿る時間
成長、交流という時間

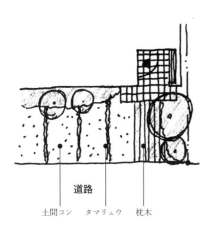

道路
土間コン　タマリュウ　枕木

道路に沿って設けた植栽スペース

1. 道路沿いの空間に時間を織り込む

　街なかに家を建てるということは、そこに住む家族とともに建物や庭なども一蓮托生のごとく街での生活をスタートし、一緒に歳を重ねるということである。しかし、特に若い世代での家づくりには、敷地の広さにも工事費にかけられる懐具合にもゆとりがないということが往々にしてある。建て主の意識もお金のかけどころも建物自体に集中し、庭や外構といった外まわりは後回しになりがちだ。しかし屋外空間をなおざりにすると、特に街なかでの家づくりでは、後々になって後悔の元となりかねない。日々の生活は建物の中だけで完結するものではないから、内部空間だけでなく外部空間にも目を配り、街との関係をスムーズにする工夫が求められる。さもないと建物が街から孤立し、ひいては近隣と疎遠にもなりかねないからだ。これは若い世代ならいざ知らず、独居老人にはひときわ切実な問題である。

　その処方箋として、道路と建物の間の屋外空間、たとえば前庭や駐車スペースでは、街との関係性をつくるつなぎの役割を怠ってはならない。これらの外部空間は、建物が街と出合う境界に当たるが、特に狭小や密集という条件が重なると、いきおい防犯や安全性、プライバシーの確保といった守りの姿勢に偏りがちだ。しかし、ややもすると、そのことが家と街との日々のコミュニケーションを知らず知らずのうちに奪ってしまう引き金となりかねないのである。

　その予防策として、たとえば建物の足元や道路際などのわずかなスペースでもいいから、土を残し植栽を施してみるとよい。むろん、植物は手入れが面倒と思われる向きも少なくないであろう。だが、手間がかかるということは人の目が向くということでもある。たとえば、日常的な手入れが街との接点を育む契機になることもあるし、ある日突然に野放図となった前庭は、家主の異変を近隣に知らせるサインともなってくれる。

　目の前の「今」という時間から先々の「いつか」に向け長い年月をかけて、緑を介して生まれる交流の種を植え、育てていくのである。このような生き物に宿る時間は、家と街をつなぐきっかけとして織り込まれるべき初期設定であり、後述の「アプローチ」や「中庭」といった外部空間がとれない狭小地でこそ考えておきたい。

2. 建物へのアプローチに時間を織り込む

　街から家へと至るアプローチは、パブリックとプライベートが切り替わる要所である。両者がダイレクトに出合うような計画は、生活の場が敷地を越えて界隈へも広がるような、都市居住ゆえの魅力にあふれる。その反面、街への構えが無防備な住まいには、私的な生活の所作が通りに筒抜けになりかねないというリスクも潜む。街とのかかわりから生じるこの種の軋轢は、きわめて日常的な時間の中で生じ、それが続くと苦痛であるがゆえ、住まい手のライフスタイルや敷地周辺の特徴などの条件を見定め、慎重に計画する必要がある。よほどの特殊な条件でなければ、ノーガードで街と向き合うのは辛いもの。そのためには、玄関やポーチといった空間に、住まいと街をなめらかにつなぐ緩衝帯としての機能を仕込んでおく初期設定が肝要だ。

　視線の調節という点では、四六時中、玄関を開けたら道路からプライベートな部屋も含めすべてが丸見えといったプランニングはもってのほかだ。往来の光景を部屋から眺められるのは、街なかの住まいの楽しみの1つである。だが、見る・見られるといった関係を、まるで調節できないのは辛い。ポーチや門塀で程よく視線が守られた状態の玄関には、風が直接当たるのを防ぎ、冬場の寒風対策という相乗効果も期待できる。さらに、このようなアプローチと入り口の間にワンクッション織り込む工夫は、玄関から道路への子どもの飛び出し防止といった、日常に潜む危険に対する安全面への配慮にもつながるものだ。

　屋外と屋内の機能の切替えという点では、玄関ポーチまわりには、雨がかりを避けて傘を開閉できる庇、ドアの解錠の際に買い物袋を地べたに置かずにすむようなベンチや台など、日常生活の中のちょっとした所作にさりげなく寄与する、名脇役のような存在をキャスティングすることにも配慮したい。このような常日頃の所作への配慮が、先々、高齢や怪我のために身体の機能が弱まった際の助けになるのは言うまでもない。

　さらには、玄関やアプローチは、演劇で言うところの幕間、場面転換を司る空間でもある。前庭に野道のように植栽を設えれば、公から私への日常的な場面転換に四季折々の自然の変化という楽しみ

玄関ポーチ
玄関には目隠しと雨除けを忘れずに

ボディブローのように日常的に続く
苦痛への予防線

アプローチのスロープに沿った、野庭のような
植栽スペース

が重なることにもなる。ファサードに花台を備えれば、季節に応じた花の設えが、通りとの無為の交歓を育むことにもなるだろう。

3. お隣との間に時間を織り込む

　建物が密集する都市部の敷地では、隣家との間に十分な距離が取りにくい場合が往々にしてある。わが家の窓を開けると、お隣の窓とお見合いというのはもってのほかだが、プライバシーの確保に傾倒するあまり、周囲に対して過剰に閉じるのも味気ない。窓には、光や風を取り込み、移りゆく屋外の時間の変化を家に居ながら感じられるという、何よりの利点がある。これは壁で閉じることからは決して得られない窓ゆえの特典であり、後々になって改修して手に入れようというのも困難だ。そのため、たとえ密集地であっても、初期設定で敷地の周辺環境を読み込み、ねらいを定め、はじめから厳選して窓を設ける必要がある。透明・不透明といったガラスの種類、開放時にも視線や雨の吹込みが抑えやすい機構などの選択に加えて、斜線制限などから将来的に建物が建ちにくいほうに向けて窓を配置するというのも有効だ。

　また、このような窓そのものの工夫に加えて、建物の外まわりにも配慮を重ねたい。たとえば、目隠し。塀や壁といった常套手段に加えて、庭の植栽を活用した穏やかな方法も加えたい。花期の異なる樹種や常緑と落葉を混ぜ合わせておけば、プライバシーの確保だけでなく、季節ごとの彩りの変化という味わいを得ることもできる。そうなれば、単なる目隠しを超えて、お隣にとっても目に優しいウィン・ウィンの関係も夢ではない。一方、樹木が成長までに要する時間や、枯れたり虫が発生したりといった自然を相手にするがゆえのトラブル要因には注意を要する。目隠しのためにと植えた庭木も、小さな苗木を植えてしまうと枝葉が広がるまではお互い丸見えで、気まずい時間を過ごすことになりかねないからだ。そのため、あらかじめ設計図で樹種に加えて樹高や間隔も指定する、現場で十

ブロック塀
目隠しとしての機能は十分だけど…

植栽
上手に設えれば、
お隣にもわが家にも、目に優しい

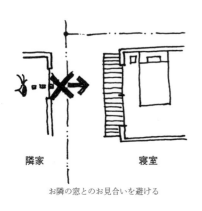

隣家　　　　寝室
お隣の窓とのお見合いを避ける

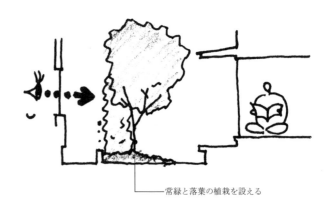

常緑と落葉の植栽を設える

分に育った樹木を選定するなどの配慮が必要となる。

逆に、樹木が大きく育ちすぎるのも、日陰や落ち葉などといった別の問題を引き起こしやすい。これに対しては、大木になりにくい樹種を選ぶ、株立ちで仕立てるなどの手立てを講じたい。

4. 庭のメンテナンスに時間を織り込む

建物も庭も定期的なメンテナンスが必要なのは共通であるが、庭に植えた花木を長く楽しむためには、建物に比べてずっと頻度の高い、1年を通した日常的な手入れが欠かせない。しかし、それらは住まい手にとって楽しみでもある反面、何かと忙しい現代人の中には、日々の手入れにかかる時間を短縮したいという向きもあるだろう。そこで、日常の生活サイクルに無理なく庭の手入れを組み込むためには、灌水や剪定、清掃などの道具をしまう場所を日常的な動線と重ね合わせて考えるなど、収納計画での初期設定も忘れずに行いたい。物の出し入れのしにくさは、手入れの面倒に直結しかねないからだ。

たとえば、屋上庭園や庭木などの水やりには、送水用のホースを接続した蛇口に自動灌水用のタイマーを仕込んでおくのが便利だ。時刻や間隔を設定でき、雨を検知するセンサーを備えたものもある。日常の作業の軽減のためだけでなく、旅行などでしばらく家を空ける場合にも重宝する。

また生育条件にもよるが、樹木によって樹高の成長速度や期間は著しく異なる。ミズキのように若い時の成長は早いが30年くらいで成長が止まるものもあれば、ケヤキのように100年以上も成長を続けるものもある。数十年先の枝振り、枝張りを頭に入れて、建物や隣地との離れを確保したい。

一方、人間の身体と同様、植物に流れる時間にも、唐突に予期せぬ変化が生じる場合もある。万が一、庭の植木が枯れてしまった場合でも、樹木の植替えが容易にできるような搬出入経路をあらかじめ考えておく必要がある。たとえ庭の周囲を囲ったコートハウス形式の住宅であっても、サービス動線を兼ねた通路を確保するなど、道路から中庭へ直接たどり着けるようにしてあると、予期せぬ樹木の入替えへの備えとなる。初期設定でこのような動線を確保しておくと、鉢物の植替えなどのような、季節に応じた楽しみや日々の手入れのためにも役に立つ。あるいは、屋上を緑化したルーフテラスのような高所の樹木の場合には、建物の壁面に樹木を吊り上げるための金物を先付けしておく、中庭の壁面の上部に開口を穿っておくなど、クレーンでの搬出入を容易にする工夫をあらかじめ施しておくとよい。

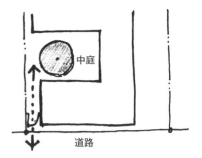

中庭の植栽の搬出入、
日常のメンテナンス用に動線を確保

屋上庭園

樹木の植替えルート

中庭を囲む壁面の上部に開口をつくり、
採光とメンテナンスルートを確保する

中庭を囲む壁面の上部に開口を設けた
コートハウス

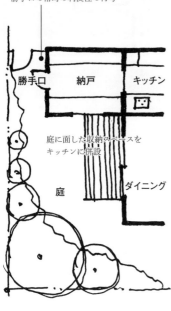

平日と休日の庭の利用モードの切替えが楽。勝手口の常時の利便性の再考

庭に面した収納スペースをキッチンに併設

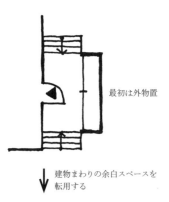

最初は外物置

↓ 建物まわりの余白スペースを転用する

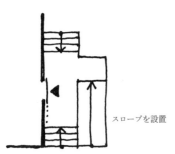

スロープを設置

5. 建物まわりの余白に時間を織り込む

　伝統的な日本庭園は、築山や池を設け自然の風景を愛でる、言わば観賞の庭。対して昔ながらの町家の中庭は、打ち水で冷気をつくり、緑陰や岩肌に涼感を求める実用の庭と言えようか。いずれも戸外に身を置き、庭を生活空間として使うという意味合いは小さいが、建物のまわりに余白のようにまとまった屋外空間を設けることによる心理的、実利的な効用は大きい。

　猫の額ほどの庭を確保するのも四苦八苦しがちな現代の住宅地では、そのような建物まわりの余白の価値は見過ごされ、あるいは軽視され、ついつい屋内空間の充実だけに傾倒しがちだ。しかし、どんなに密集した住宅地でも、敷地面積から建蔽率を差し引いた分の空地は屋外空間として残る。それゆえ、空間の効率的な利用、さらには親自然的でエコロジカルなライフスタイルといった観点からも、屋外も生活空間の一部として積極的に位置づけたい。何より、建物の配置は容易には変えられない。そのため、20年、50年、100年といった時間のスパンで後々の世代へと良好な住環境を継承してゆくための、重要な初期設定であると言える。

　建物まわりの余白を積極的に、効果的に活用するために配慮したいのが、屋外の収納のあり方である。何かと持ち物が多い現代人にとって、ストックスペースは屋内に限った話ではなく、屋外空間に関しても、設計時の検討対象に加えてしかるべきである。たとえば、庭に面してキッチンと外物置を併設しておけば、週末に家族や友人で囲むバーベキューの際の動線も実になめらかとなろう。

　働き盛りの世代にとっては、こうしたイベントを気軽に行うことができると平日と休日のモード切替えがしやすい。アプローチや水場との連携も加えられれば、泥つき野菜など室内にそのまま持ち込むのははばかられるような食材も気兼ねなく利用できる。これは現代では軽視されがちな、勝手口の常時の便利さの再考とも言える。

　壮年期にかけて活躍した屋外のバーベキュースペースには、老後や不測の事態が起きた時に屋外の収納スペースがスロープに置き換わるといった役割の転換も期待できる。つまり、現役からリタイアへと至る時間の経過に応じて、建物まわりにバリアフリー動線を確保するための余地をあらかじめ仕込んでおく初期設定とも言える。

6. 屋外空間に環境・エネルギー装置の時間を織り込む

　太陽の光を用いた発電や給湯、都市ガスから水素を取り出し発電する燃料電池、空気中の二酸化炭素の熱や湯沸かし時の排熱を利用する給湯器など、家庭用にもさまざまなエネルギー・設備技術の導

入が進んでいる。それらが家の間取りに及ぼす影響を見ると、発電した電気や沸かしたお湯を蓄えておく、つまり蓄電や貯湯によってエネルギーのタイムラグをつくる機能を抱え込むほどに装置は巨大化し、設置スペースを要しているように思われる。季節を越えて燃料をストックするという点では、再生エネルギーの元祖・薪にも通じる。いずれも、エネルギーをつくる／使うという行為の間に時間のずれをつくるために、特に屋外を中心にストックする場所、つまりは空間的な余地を用意しておく初期設定が必要である。

さらに、近年ではハイブリッド型を含む電気自動車の普及によって、家庭内の電気エネルギーインフラと車のバッテリーとの連係も模索されている。このような新エネルギー技術の歴史は浅く、その動向は不透明であるが、住宅における創エネルギー設備の導入は今後も加速するものと思われる。車庫や外構などの外まわりのスペースはその影響を特に受けやすいエリアである。

また、こうした設備機器は運転時に排熱や排気を伴うものが多い。そのため、建物まわりにこれらの機器を設置する際には、窓を開けて風を取り込みたい部屋のすぐ外で室外機が熱風を吐き出し、室内に悪影響を与えてしまうといった事態を避けなければならない。

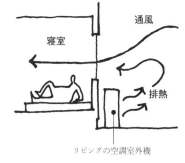

室外機の熱風が部屋に入り込まないように、窓との位置関係に配慮する

これらアクティブなエネルギー設備に対して、パッシブな環境デザインの工夫こそ、初期設定で屋外空間に織り込みたい。パッシブデザインの名著であるV.オルゲーの「Design with Climate」に提唱されている3つのステップに示唆されているように、「まず屋外空間のあり方から考える」のがパッシブデザインへのアプローチの第一歩である。むろん、自然を相手にするがゆえに配慮すべき点も多い。たとえば、落葉樹による日除けは、春夏秋冬の時間の流れに応じて機能と装いが変わり、エコであるだけでなく目にも楽しい。しかし、落ち葉による雨樋の詰まり、繁茂と落葉のサイクルと日射遮蔽・導入のタイミングが必ずしも人間の要求にうまく合致しないなど、生物を扱うがゆえの不測の現象には注意を要する。また、建物まわりの地面からの輻射熱の影響を軽減するためには、地表面を芝生やウッドチップなどで覆い表面温度を抑えるのが有効である。

室内気候調整の3つのステップ

1. 微気候による調整
2. 建築的な手法
3. 機械設備的な手法

V.オルゲー「Design with Climate」

しかし、これらの仕上げは舗装材に比べると概してメンテナンスの手間や耐久性に難がある。住まい手のライフスタイルや家の間取りと照らし合わせ、適材適所に組み合わせて使用するとよい。

7. 部屋単位の考え方に時間を織り込む

　第二次世界大戦後に食寝分離から派生したnLDKというプランニングの考え方は、リビングルームや寝室などのように、主に部屋を単位として生活の行為に合わせた器を用意するという計画手法である。これは、それまでの日本の庶民住宅の田の字形プランが備えていた、寝るも食べるも同じ場所というライフスタイルに対する、ある種の反動から生まれたものだ。現在、巷にあふれる建売り住宅やマンションの販売広告の間取りを見れば、その波及力が今もなお絶大であることは容易に想像ができる。設計者も含む多くの人が、デフォルトのようにnLDK的思考で間取りをとらえてしまうほど、われわれの意識下にすり込まれた概念と言える。

　しかし、家族のあり方や生活様式が多様化した昨今では、部屋単位という考え自体がそぐわないケースも往々にしてある。そもそも十人十色の生活のすべてを共通のコードにできるものでもない。とりわけ、日常の時間の中の些細な行為や動作は、そうした部屋単位での枠組みからこぼれがちだ。そこに着目して家全体の初期設定を考えると、部屋という束縛から解き放たれて、かゆいところに手が届くようなこまやかなプランニングに展開していく可能性がある。

　毎日の中の時間の一例として、「洗濯物を畳む」という行為を考えてみる。それは洗濯機置き場と物干し場のどちらにも属しうるし、属さないとも考えられる。それゆえ、部屋単位でのプランニング思考では、設計時につい忘れられがちな所作の1つとなる。そこで、nLDKのどれにも属さないような小さな居場所、たとえばバルコニーのすぐ脇に畳敷きの小スペースを設けてみると、洗濯のついでに午睡もできるような、暮らしのユーティリティを高めてくれる場として活躍してくれるであろう。

　「洗面」は、洗面・脱衣室として浴室に添えて計画されることが多い。しかし、要介護となった場合を想定すると、脱衣スペースには大人2人が並べる程度の広さが欲しい。そのための十分な広さを確保する策として、洗面を動線と重ね合わせ、廊下の一角に用意するという手もある。

　「窓辺」という言葉も、部屋単位の考え方からこぼれがちな、日常の時間の中に生じるちょっとした生活行為を織り込むヒントになろう。太陽の動き、風のそよぎ、小鳥のさえずりといった自然の様態は、春夏秋冬、朝昼晩とさまざまな時間の中で多様に現れる。そ

部屋単位のプランニングでは、
日常の些細な行為がこぼれがちになる

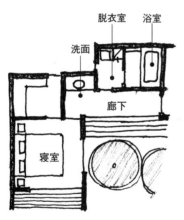

要介護となった時でも
脱衣のためのスペースに困らないよう、
最初から「洗面」を脱衣室ではなく
廊下に設置しておく

れらは窓があればこそ、室内に取り込むことができる。そして窓辺は、それを楽しむための特等席となりうるのだ。「出窓は、部屋のなかにあって独りきりになれる、もうひとつの部屋となるのです」とは、かのルイス・カーンの至言である。

8. 個室の使い方に時間を織り込む

子育て世代の家づくりにとって、子ども部屋と個室の関係は頭を悩ます問題の1つであろう。彼らの中には、家の新築や建替えを考え始めるきっかけが、子ども部屋の確保という場合も少なくない。しかし、幼児期に与えたせっかくの個室が、しばらくは空き部屋で宝の持ち腐れといったケースも多い。学童から成人へと至る過程での変化の度合いや、いずれは独立して家を出ることも考えられるため、なおさらタイミングや方法の見極めが難しい。また、このような状況の変化は建物の寿命に比べればはるかに短いサイクルで起きるため、一個人だけでなく、世代というより長いスパンの時間軸での初期設定が必要となる。

このような時間変化に応じるための常套手段の1つが、移動・取外しができる家具や間仕切り壁によるパーティションである。子どもの成長とともに空間も変化していけばよいという発想で、まずは幼児期には他の部屋と一体となったワンルームから始め、子どもの成長に応じ個室としての設えに変えていくといったストーリーだ。この際、後々に仕切った時の状態でも採光や通風が十分に確保されるよう、間仕切りの位置を入念に想定しておく必要がある。また、動かしやすさ、転倒の回避、遮音、遮光などといった性能は、重さや軽さ、接合部や内部構造などのさまざまな仕様と関係する。可動性と安定性のように、これらの条件は相互に矛盾することも想定される。それゆえ、素人でも簡便に、安全に位置を変えられることを前提に、与条件に応じた仕様を吟味したい。

フィッシャー邸（設計：ルイス・カーン）の窓辺

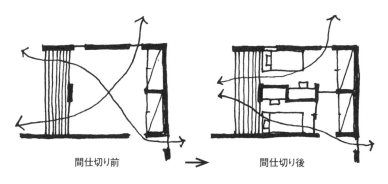

後年、間仕切りを追加しても採光や通風が確保されるよう、間仕切りと窓の位置関係に配慮する

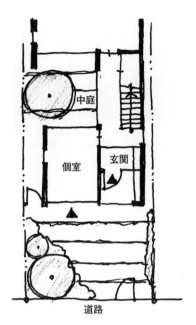

道路から直接アクセスでき、
給排水設備の先行配管が初期設定された個室。
将来の多様な使い方を織り込んだ計画

また、子どもが巣立った後に、個室が空き部屋となって十分に機能しないという状況も多い。普段使いの部屋ではなくなるため、室内の掃除や換気が不十分となってカビの温床となるなど、健康被害や建物の耐久性への悪影響も懸念される。また、特に老人のみの住まいとなる場合は、防犯・安全性に対するリスクも大きい。このような変化に対応するには、個室をSOHOやシェアハウスなどに転用してしまうという手もある。つまり、住宅という専有された空間に、外からのさまざまな他者の出入りを積極的に受け入れるのだ。十数年や数十年の後、そのような使い方の変化を実現するためには、道路から個室へ直接出入りできるようなプランニング上の配慮、給排水設備の先行配管、月々の使用料金を個別に集計できるような系統の独立化などの初期設定をしておくとよい。

9. 寝室と水まわりの関係に時間を織り込む

食寝分離やnLDKといった計画概念の影響なのか、個室の用途はとかく単一的な機能のための空間として考えられがちだ。しかし、特に高齢者のための寝室のあり方を考えると、就寝に特化した個室の計画には注意を要したい。人間は加齢に伴って運動能力などの身体機能が低下し、高齢者ほど日常生活の行動範囲が限定されやすい。そのため、睡眠のみならず、食事や排泄、入浴や洗濯といった基本的な生活行為の連携のしやすさが、日々の生活の快適さや便利さに直結してくるのである。先々の身体の変化を見越して、寝室にはプライベートな空間としての独立性だけでなく、生活空間の中心ともなりうるような、周辺機能との密な連携の可能性を初期設定しておきたい。

ことに日本では、戸建て住宅の多くが木造という構法上の理由や、衛生や防水、防火などの技術的な制約から、トイレや浴室、キッチンといった水まわりスペースは日常生活に深くかかわりながらも、長らく住空間の主要部分というよりは、付属部分とみなされてきた。特に浴室は防水や大量の湯水を扱うがゆえの荷重の問題から、上階に配置する際には制約が大きかった。しかし、1964年の東京オリンピックをきっかけに誕生したユニットバスの普及以降、今や配置の自由度は格段に上がっている。1日の多くの時間を寝室で過ごすことを踏まえると、トイレ、洗面、浴室は寝室となめらかに連携するよう、なるべく近い位置に計画するのが肝要だ。

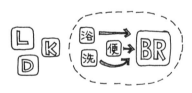

トイレ、浴室、洗面は寝室と近い位置に

あるいは、これらの水まわりスペースを寝室内に設けるのも手だ。特にトイレは臭気や汚れが敬遠されがちだが、昨今では自動で除菌や脱臭を行う機器も珍しくない。タンクレスであれば、設置スペースも小さくできる。かつてに比べて居室内に設置する際のハー

ドルは低くなっていると言える。さらに、車椅子での使用に対応したトイレを設置する上では、トイレを単独で確保するよりも目隠しのために壁で囲い込む必要性が小さく、計画がしやすいという利点もある。また、ウォークインクローゼットといった個室近傍のスペースにユニットバスを後付けできるようにしておくという方法もあろう。建物の構造によっては、配管や配線を先行しておく、床荷重の増加を見越した構造補強、天井高の確保などを初期設定で考慮しておくと、後々の自由度が格段に上がる。

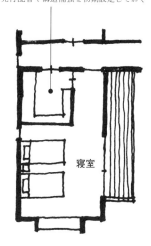

個室近傍のウォークインクローゼットを、将来水まわりに転用できるように、先行配管や構造補強を初期設定しておく

10. 建物全体の温熱環境に時間を織り込む

日本における省エネ施策の歴史をひもとくと、1970年代のオイルショックを受けて「旧省エネルギー基準」が制定されたのが1980年。その後、1992年の「新基準」、1999年の「次世代基準」と改正がなされてきた。この間わずか20年足らずだが、断熱基準などの要求性能はほぼ倍増している。そして2015年4月1日からは、設備による一次エネルギー消費量対策も加味した「改正省エネ基準」の完全施行が始まり、2020年までにはすべての新築住宅・建築物の適合義務化が予定されている。住宅をとりまく省エネルギー施策への対応は、もはや待ったなしの様相である。

一方で、新築住宅におけるこれらの基準への適合率はようやく5割に届くかどうかという低迷状態にある。さらには、かくも短い省エネ化の足跡からも容易に想像できるように、現在のところ日本全体では、断熱や気密が十分に施された高スペックな住環境で暮らした経験がある人々は少数派と思われる。このような社会全体の経験不足や、従来の慣習とのギャップから生じる温熱環境に対する「勘所の欠如」には注意を払って初期設定を行いたい。

言うまでもなく、適切な断熱・気密性能は良好な温熱環境の実現につながるものだが、建物全体でのバランスを欠き熱性能が著しく劣る場所があると、部屋間に極端な温度差が生じ、そのギャップが日常生活において身体に大きな負荷をかける。特に冬の浴室や脱衣室は、従来は無暖房が普通であり室温が極端に下がるため、ヒートショックによる死亡事故の一大要因となっている。これは、日本では主に関東から南の地域の住宅の多くが夏を旨とし、冬の寒さに対しては貧相といった建物性能の歴史を抱えることや、家全体を連続して暖めるという発想が希薄であるという慣習に起因していると言えよう。こうした建物全体の温熱環境への配慮が欠如しているがゆえに招く事故は、必ずしも高齢者に限ったものではない。脳梗塞の発症率は50歳代に入ると急激に増加する。つまり若い世代の家づくりにとっても、必ずしも遠い将来のリスクではないのである。少

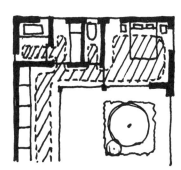

主寝室と浴室やトイレの間などの主要な生活動線の範囲は、廊下まで床暖房を敷設するとよい

なくとも、廊下を含む主要な生活動線の範囲では、室温や床の表面温度などに極端な変化が生じないように配慮したい。

また、高断熱・高気密化が進むほど、相対的に性能の低い部位における熱の出入りが顕著になる。居間と連続する玄関、居間と上階をつなぐ吹抜けの階段、台所の勝手口、各部屋の給気口などは、冷気の流入や暖気の流出を招く要因となりやすいので要注意だ。

11. 屋根の機能に時間を織り込む

床や柱、壁や窓といった建築空間を形成する主要な部位の中で、屋根は最も空の近くに位置する。強烈な日差しや風雨などの気象現象に常にさらされ、最も過酷な環境条件の下に置かれている。まさしく、自然の猛威から人間を守るシェルターの象徴のような存在である。そのため、屋根に求められる基本性能は、防水、断熱・遮熱、雪や風の荷重への耐久性など多岐にわたり、いずれもが頑丈な建物には欠かせない初期設定である。

熱の流れという点では、屋根は夏に圧倒的な量の日射を受け、東西の壁面が受ける日射量の1.5倍以上にのぼる。表面温度は50〜60℃にも達し、素足では載れないほどである。このような高温部から受ける室内への悪影響を最小限に抑えるために、壁以上に断熱性能や遮熱性能が求められる。

また水の流れという点では、近年では都市部を中心に頻繁に問題化している、突発的なゲリラ豪雨級の降雨量への対応がますます重要になるであろう。冬には屋根に溜まった雪が近隣や通行人などへのトラブルとならないよう、勾配や雪留めへの配慮が必要である。

一方エネルギーという点では、日射を多く受けるということは、発電や給湯設備の設置に適した場所であると言える。しかしその形には、市街地では集団規定によるさまざまな高さ制限がかかり、室内側からも空間の広がりを希求する切なる要請がふくらむ。こうしたさまざまな要求条件が時には相克を繰り広げながら、外側からも内側からも襲いかかり、屋根の形態を規定していく。かくも多様なしがらみを抱える屋根であるが、住宅の創エネルギーへのニーズに応えるという点では、しばらくはエース級の働きが期待されそうである。

創エネ設備の代表選手である太陽光発電や給湯パネルは、予算が許せば最大容量を確保したいと、屋根面に目いっぱい詰め込みがちだ。しかし、10年後には早くも気がかりになり始めるメンテナンスを考慮して、パネルおよび屋根面の近傍にアクセスできるルートを確保しておきたい。創エネによる環境負荷やエネルギーコストの低減効果も、設備や建物本体の長寿命化への配慮があればこそだか

屋根は、自然の猛威に対するシェルターとしての建築の要

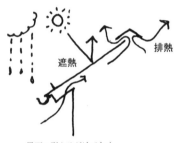

風雨に耐えるだけでなく、熱を逃がす工夫も忘れずに

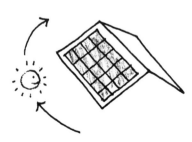

太陽の動きは変えられない。後々、太陽光発電や給湯のためのパネルを設置する可能性があるなら、屋根の勾配や向きを考慮しておく

らだ。そのため、パネル枚数を「間引く」というのも一考だ。また、これらのパネルの後付けを見越して、想定される屋根面の勾配（急すぎない）や方位（南面を多く）をあらかじめ決定しておくのもよいだろう。太陽の動きは変えられないのだから。

12. 寸法体系に時間を織り込む

尺貫法であれメートル法であれ、建築のプランニングにはなんらかのモジュールが用いられ、長さや厚みなどを体系的にコントロールし、計画の利便性や建設の効率性が図られることが多い。もともと尺やフィートなどの寸法の単位は、手のひらや足の大きさなどの人間の身体スケールを基にして定められているから、人の動作や心理的な寸法の検討との相性が良い。それらを基に物品や材料、建築の部位や単位空間から建物全体に至るまで、さまざまなスケールで寸法体系が展開されている。その布陣の広範さと確からしさゆえ、設計時には無意識にこれらを取り込んでしまいがちだが、惰性的な用い方では、ともすれば使い勝手の悪い計画となりかねないので要注意だ。

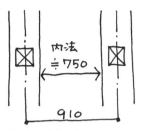

木造の一般的なモジュール。
内法寸法は750mm程度となる

たとえば、
100mm広げると…

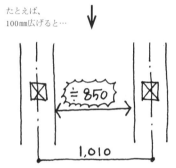

廊下や階段、トイレなどは
部分的にモジュールを変え、
内法寸法を少し広くすると、利便性が増す

たとえば、一般的な在来軸組構法の住宅であれば、廊下や階段、トイレの幅は3尺（約90cm）を芯々寸法とすることが慣例であろう。この場合、内法幅は75～80cm程度となり、平常時には過不足のない広さだ。しかし数十年後、あるいはある日突然に生じるかもしれない車椅子の使用を想定するならば、もう少し広い幅員を確保したい。特に廊下の曲がり角で車椅子の方向を変える動作が大変なのである。廊下を後から広げるのはなかなかの大工事となってしまうので、車椅子側の工夫で対応するのが現実的だが、日常的な通行の利便性もあわせて考えると、ぜひ初期設定で余裕のある幅員を確保しておきたい。その際、建物全体のモジュールを変えるというのもありうるが、これでは計画全体への影響が大きい。広い場所を少しいじめて、代わりに廊下など部分的な寸法を広げるのがよい。

また同様に、将来の手すりや棚などの設置に備え、建材の厚みの共通性を利用して、あらかじめ下地を調整しておくとよい。たとえば壁下地が石膏ボードの場合、手すりの後付けは間柱などに位置が限定される。そこでおおよその取付け範囲を想定し、その部分を同じ厚みの合板に変えておくと先々の設置工事がきわめて楽になる。

このような広さや強さの後付けは改修工事の範囲が広く影響が大きくなりやすいため、初期設定でのひと工夫がなおさら効果的だ。

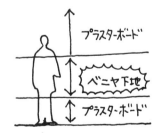

将来的に手すりなどの設置が想定される箇所は、
壁下地をプラスターボードではなく
同じ厚みの合板にして、強度を高めておく

13. 建具の開閉方式に時間を織り込む

建具とは閉(た)てる具を意味し、可動の戸と枠を組み合わせて、

開口部を必要に応じて閉じるための道具を指す。ここで、『徒然草』の有名な一節「家の作りやうは、夏を旨とすべし」の続きを引くと、「細かなる物を見るに、遣戸（やりど）は、蔀（しとみ）の間よりも明し」とある。遣り戸とは、平安後期より使われ始めた板の引き戸のこと。蔀も平安時代に現れ、こちらは格子付きの板戸を長押から吊り、水平にはね上げる開き戸である。つまり兼好法師は、両者の開閉方式の違いに着目し、引き戸のほうが明るさの調整に向いていると説いていたわけだ。

　現代の住宅に目を移すと、部屋の出入りの扉には開き戸か引き戸が使われることが多く、特に金物や枠まわりの簡便さから、開き戸のほうがより一般的であるようだ。ともあれ両者の大きな違いは開閉方式にあるわけだが、それが扉の定位置の違いをもたらし、兼好法師の先見に表れてもいるように、日常的な使い勝手にも大きな影響を及ぼすこともあるので、初期設定では注意を要する。

　開き戸は回転範囲の空間を常に空けておかなければならず、またフック付きの戸当たりなどのストッパーを用いれば常時開放は可能であるが、どちらかと言えば閉じた状態が定位置となりやすい。

　一方の引き戸は、扉が横にスライドするだけなので開・閉どちらも基本ポジションとなりえ、さらには中途半端に開いた（閉じた）状態も保つことができる。こうした融通無碍のポジショニングは、とりわけ生活の主要動線に便利だ。両手に物を持っていたり、高齢や怪我などの理由で杖をついていたりと手がふさがっている場合も多く、開け閉めの労苦の軽減は、日常的な利便性だけでなく、老化や怪我への備えともなろう。こうした人の通行に加え、空気の通り抜けには、引き戸の扉位置の自由度の高さがさらにありがたい。全開・全閉以外のモードを持つことで、風の強弱を微細にコントロール可能だ。このような常時開放のしやすさは、光や風といった自然の変化を室内に行き渡らせ、1日や1年といった時間の流れを生活に組み込むことにつながるであろう。扉の重量や戸車の構造、可動音への配慮、戸袋の納まりなど、引き戸には開き戸に比べてディテールの検討点が多いが、それに見合うメリットは多岐にわたる。特に生活動線を中心に、使いどころを考えたい。

14. 窓の断熱性能に時間を織り込む

　日本語の「まど」の語源が「間戸」あるいは「間処」であると言われるように、大きな窓によって建物の内外がつながる開放的な空間は、日本の伝統的な建築にも通じる、私たちに馴染み深いものである。しかし、かつての日本の住宅が「夏を旨とすべし」として暑さへの備えを優先したために、その特徴が冬には一転して温熱環境

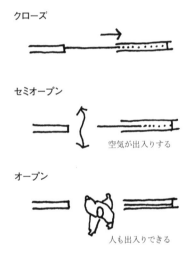

クローズ

セミオープン
空気が出入りする

オープン
人も出入りできる

引き戸は、開閉のモードの自由度が高い。
生活動線を中心に、
引き戸の使いどころを考える

の弱点となりやすい。さらに、昨今の断熱・気密性を高めた住宅では、大きな開口部は庇やブラインドなどで日射を適切に遮らないと、夏に限らず中間期や冬でさえも、大きなガラス窓から入った日射熱が温室効果によって建物内にこもり、室温を過剰に引き上げ、オーバーヒートを起こすこともあるので要注意だ。

　一般に、窓は壁や屋根に比べて断熱性能が劣る。たとえば、次世代省エネ基準のⅣ地域における熱貫流率［W/㎡K］の基準値で比べると、木造住宅の外壁0.53、屋根・天井0.24に対して、窓は4.65となり、窓は壁の約8倍、屋根の約19倍も熱を通しやすい。建築部位ごとの熱損失の割合では、住宅全体の約4割を窓が占め、また、建物全体の断熱性能を高めるほどその影響は顕著となり、全体の熱損失量は減るものの、相対的に窓からの熱ロスの割合が高くなる。さらには同地域での住宅のエネルギー消費量を見ると、暖房の割合は給湯に次いで高く、およそ2割を占めると目されている。ガラスの性能アップはコスト増につながるが、窓の断熱性能が低いとすなわち暖冷房コストの増加に直結し、さらには結露による健康や建物の耐久性への悪影響なども懸念される。つまりこれら窓の断熱性能は、暖房期をピークに年間を通して温熱環境や暖冷房のコストに関係し、毎日、毎年、数十年という長い期間で影響を受ける、重要な初期設定なのである。そのため、特に大きな窓ほど断熱性能を惜しまずに上げておき、サッシやガラスの製作範囲を考慮しながら適切なスペックを確保すべきだ。

　このような窓にまつわる室内の温熱環境の諸問題は、窓が屋根や壁と同様に外皮、すなわち建物の内と外の環境を「隔てる」ものに属しながら、これらの部位の中でも、ひときわ建物の内と外を「関係づける」特性が強いためだ。こうした両義性ゆえ、窓は性能とコストのバランスが特に求められる部位なのである。

15. 窓の方位に時間を織り込む

　窓は建物の内と外を関係づける主要な建築部位であるがゆえ、そこに求められる基本的な環境性能は、季節や時間帯によってさまざまに変化する屋外環境の条件に大きく左右される。そのため、窓の初期設定では方位による違いを十分に理解して行うことが重要である。

　1年というサイクルで変動する太陽の動きとの関係では、窓の性能は方位との関係が重要となる。夏に最も日射量が多いのは屋根上のトップライトなどの水平面であり、垂直面では東西面が最も多い。つまり、これらの窓面では断熱性能に加えて、余分な日射熱を室内に入れないための遮蔽性能が特に要求される。さらには、いっ

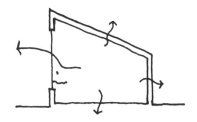

窓は断熱性能の弱点になりやすい部分。
大きな窓ほど、断熱性能を惜しまずに
上げておく

複層ガラスや障子によって
断熱性能を高めた大開口

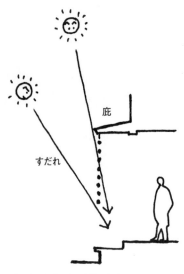

庇やすだれ等、窓の方位に応じて
有効な日射遮蔽の方法を選択する

たん取り込まれた熱が温室のように室内にこもるのを避けるためには、ガラス面の外側で日射をカットする方法を第一に考えたい。その際に、東西面に差し込む日射は太陽高度の低い、横なぐりの光となって降り注ぐため、水平の庇はあまり効果的ではない。すだれや緑のカーテン、竪ルーバーなどが有効だ。このような遮蔽装置は、それ自身の様態が季節感を演出することにもなりうるし、光と影の戯れが刻々と移り変わる時間の流れを感じさせてくれるという点でも、時間を織り込むデザイン要素である。シンプルにガラスの遮蔽効果に期待するのであれば、日射遮蔽型のLow-E複層ガラスにするとよい。

南面は、庇などによる日射遮蔽の対策に加えて、冬季の集熱面としての役割を考慮したい。その際、大きな窓面ほど集熱量は大きくなるが、熱損失のリスクも高まる。ガラスの断熱性能を上げる、室内の床や壁などを熱容量の大きい仕様とするなど、集熱、断熱・気密、蓄熱のバランスに配慮するとよい。

北面は、夏季の朝夕に差し込む日差しに注意する他は、もっぱら冬季の熱損失への対応が主となる。しかし、風景を愛でるという窓の環境性能の観点からは、この方位には順光で植栽を眺められるという楽しみもある。さらに視覚的な性能を重ねると、北面には安定した自然採光が期待できるという利点もある。

窓に求められる環境性能は、
太陽の向きに大きく関係する。
各方位の特性に応じた性能を初期設定する

日射熱を最大限に取り込む南面の大開口

熱損失を抑える北面の小さな窓

このように窓に求められる環境性能は方位ごとに異なり、太陽の動きに大きく関係している。つまり、1年という時間軸に加えて、朝昼晩といった1日の中での時間変化、さらには、晴れ、雨、曇りといった折々の天候にも影響される。こうした自然ならではの変化にいかに応答しうるかは、難しくも楽しい、窓に課せられた設計の醍醐味である。

16. 窓の機能に時間を織り込む

京都の町家では、衣服の「衣替え」のように、季節に合わせて家

中の建具を取り替える「建具替え」が行われる。こうした「着替える開口部」は、季節や昼夜といった時間の変化を住まいに織り込むための、現代でも十分に通じる設計術の1つである。窓ガラスの内側や外側に、障子や簾戸、網戸や雨戸などの機能や特徴の異なる建具を入れ替えるという戦略は、窓の性能アップという観点では、たとえばガラスの断熱性能の強化に対する代案ともなりうる。

しかし、夏と冬の年に2回、細長い敷地の最も奥に位置する蔵と何度も往復し、相当な数の建具を模様替えする京町家の建具替えは、体力的にかなりきつい作業であるという。世帯当たりの人数が減少傾向にある現代では、なおのこと効率良く簡便に入替えができると都合が良い。それには、使わない建具をどこにどのようにしまうかが問題だ。窓の脇に戸袋を設け、まとめて引き込めると日常的な使い分けがしやすいが、枚数がかさむと壁厚がふけてくるので、敷居や鴨居の補強など納まりに注意を要する。さまざまな持ち物と一緒に納戸にしまう場合は、普段使いの物の出し入れに支障が出やすい。それならば、いっそのこと建具専用の収納を検討してみるとよい。大きさの違いはあれども、建具の厚みはおおよそ3～4cm程度で共通するので、必要なスペースは枚数から算出しやすい。初期設定の段階で、着替えさせたい窓の近くに目星をつけて、まとめて立てかけてしまえそうなニッチな空間を探し、収納に生かすのである。ただし、建具にはそれなりの重量があるので要注意。掃出し窓のような大型の建具には、引っ張るためと、押し込むための2カ所の開口が建具収納の前後に設けられると出し入れがしやすい。

夏の装いに建具替えした京町家

3本引きを障子・簾戸・フラッシュ戸という3種類の1本引きに改修した「着替える間仕切り戸」

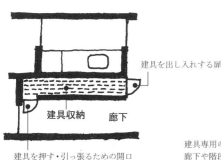

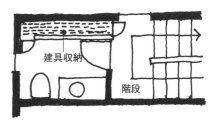

建具専用の収納。網戸や障子など、オフシーズンの建具をしまうスペースを用意する。廊下や階段脇などのニッチなスペースを活用する

また、塵も積もれば山となるので、着替えを最初からたくさん用意するのは予算が許さないということもあるだろう。そのような場合は、前もって枠まわりに溝加工だけは施しておき、新築時には裸や薄着の開口部で我慢し、後で余裕ができたら建具を足していくというのもありだ。同様に、窓の外側にも軒下にフックやパイプを設置しておけば、すだれや緑のスクリーンなどの設えへの助けにな

る。これらのスクリーンの取付け・交換の安全性に配慮し、庇の厚みを上げるなど、足場や手掛けとなりそうな部位の強度は初期設定でチェックしておきたい。

17. 寝室の窓に時間を織り込む

　日本人の1日の平均睡眠時間は7〜8時間程度と言われている。この数字は、働き盛りの多忙な人にとっては贅沢な長さと感じられるかもしれないが、世界各国と比べてみると日本人の睡眠時間は非常に短いほうだ。しかし、それでも1日の、つまりは人生のおよそ3分の1を眠りに充てていることになる。寝室を単に寝るためだけだからと侮って、通風や日当たりといった居室としての基本条件を軽んじるのは危険だ。人間の身体は、ひと晩の睡眠でコップ1杯程度の汗をかくと言われる。布団の乾燥や湿気の除去のためにも、自然の光と風を適切に調節できるよう、寝室の窓まわりを中心に初期設定で配慮すべき点を挙げておきたい。

　たとえば、就寝時でも安心して開放できる窓の機構や位置は、夜間の冷気を利用しやすくし、過剰な冷房が苦手な身にはありがたい。また、快適さは温度・湿度・気流・輻射および活動量・着衣量で決まるが、寝室のように比較的小さな個室では壁や天井との距離が近くなるので、夏の輻射の影響に特に注意したい。過小な断熱や過剰な蓄熱によって、昼間の熱が建物に残り夜間に持ち越されると、エアコンや人間側の調整では追いつかなくなる状況も起こりうるからだ。

　数十年後の高齢や要介護、あるいはある日突然に身に降りかかる怪我や病気となった時には、寝室は1日の中で最も滞在時間が長い場所となることが想定される。夜間の就寝だけでなく、スペインのシエスタのように、心地よい「昼寝」に適した休息の場として個室を設定しておくのも1つの手であろう。さらには、うつや思春期などのように、メンタルの健康や安定が損なわれた時には、個室はか

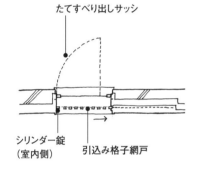

すべり出しサッシの室内側に、壁内に引き込める網付きの格子戸を設ける。防犯と通風に配慮した寝室の窓

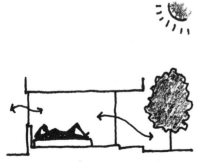

時には寝室は1日の中で滞在時間が最も長い場所ともなる。通風や日当たりを適切に調節できるように配慮する

中庭に面した寝室

けがえのない「私空間」となる。リビングなどの共用部、道路や隣地などの公共空間との間に、開く／閉じる、見る／見られる、つながる／隔てるといった関係性を調整し、適切な距離感を保つことが求められる。それには、間取りに加えて窓の設け方も重要な鍵となるのである。

　個室の独立性を高めることは、プライバシーの確保や冷暖房の効率化による省エネに向いている。早朝や夜間の勤務など家族内で生活の時間帯がばらばらといった場合には、生活音の伝搬など部屋間の影響を抑えられるという点でも有利な考え方だ。一方、視線は遮りつつ、音や空気はつながる程度の間仕切りにとどめるという方向性もある。この場合、春や秋のように気候のよい季節は風が部屋を通して抜けやすいというメリットがある。しかし夏や冬の冷暖房の効率は落ちるので、空調用の区画として開閉の調節ができる仕掛けがあるとよい。

18. 床の段差に時間を織り込む

　家庭内事故の原因を見ると、転落と転倒がおよそ半数を占め、階段や段差、床の滑りなどがきっかけとなるケースが非常に多い。その傾向は高齢になるほど顕著で、75歳以上では約6割にまで達するという。つまずいて転ぶのは老若男女を問わず日常茶飯事であるが、高齢者にとっては特に一大事だ。反射神経などの身体能力が低下し、骨も脆くなっているから、子どもならばすり傷ですむところが骨折などの重症化につながる割合が高くなる。住宅の初期設定では、床の段差に関するさまざまな注意が必要だ。

　階段や段差で歩行時に見落としがちなのが、異なる床仕上げの切替え部分や、わずか1段の段差であり、近いところが見えにくくなる老眼では特に気がつきにくい。このような微妙な段差をなくすため、室内では畳敷きとフローリングのように仕上げ材が変わるところでは、材の厚みの差分を下地で調整し床レベルを合わせるとよい。レベル差をうまく解消できない場合は、逆に30cm程度の小上がりにしてしまい、床ふところ部分を収納に充てるという方法もあろう。階段を設けるなら、3段以上のはっきりした段差にすると視認しやすい。また、蓄熱効果を期待してれんが敷きや石貼りにする場合、床面が固いため転倒時の怪我のリスクは高まり、目地やざらついた表面で足が引っかかりやすくなる場合もあるので注意が必要だ。

　屋外では、道路から建物入り口までのアプローチにさまざまなレベル差が混在しやすい。なぜなら、通常、住宅の1階床レベルは地盤面から数十センチ高い位置に設定されることが多く、道路から玄関に至る間でそのレベル差が解消されることになるからだ。さらに

1段程度の段差は気づきにくく、危険

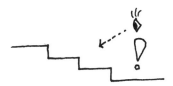

3段以上にすると気づきやすい

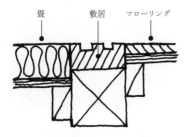

厚みの異なる床材が連続する場合、
下地で高さを調整し、仕上げの床レベルを揃える

タイルとフローリングが同面で連続する

は、斜面地やひな壇など敷地自体の傾きや段差、雨水を流すための水勾配も関係してくる。そこで玄関ポーチまわりに階段を設け、これらの高低差をまとめて解消するというのが通常であろうが、アプローチのバリアフリーという点ではスロープを活用するとよい。仮に関連法に規定されている勾配を越えてしまうとしても、車椅子やベビーカー、自転車などの昇降はぐっと楽になり、さまざまなライフステージ、ライフスタイルに応じた利便性の向上に大きな助けとなる。また、屋外の段差は屋内に比べて多種多様な環境条件にさらされる。たとえば、雨や雪の時は通常よりも床面が滑りやすくなる。夜間の暗がりの中では、段差がいっそう見分けにくくなる。表面仕上げを滑りにくいものにする、段差部分を識別しやすいものにするといった仕様上の配慮に加えて、階段の昇降は下りる時のほうが段差は見えにくくなるので、照明の位置にも配慮しておきたい。

19. 縦に抜けた空間に時間を織り込む

　人間は床の上に身を置き、生活行動は基本的に水平方向に展開する。一方、光や風はもっと自由に、上下方向へも自在に移動する。たとえば、太陽の光は天空から注ぎ、物体に当たり反射・拡散し、暖められた空気は上昇し、冷えると下降する。このような人と光や空気とのフットワークの違いは、階段や吹抜けといった縦方向に抜けた空間のまわりで如実に現れるので、初期設定においては人・光・空気の動き方や動きの要因について理解し、必要な対策を検討する。人間の身体は重力には抗えないから、床がなければすなわち転落のリスクが生じ、実際、階段からの転落は家庭内事故の原因で最も多い。建築基準法の階段の寸法は、住宅では蹴上げ23cm以下、踏面15cm以上とあるが、その角度は60°近くに達し、かなりの急勾配である。これがあくまでも最低基準であることは容易に想像がつくであろう。

　狭小な敷地では、さまざまな床レベルを設定したスキップフロアや吹抜けによって屋内空間を立体的に構成し、物理的な狭さを克服

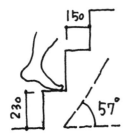

建築基準法が定める階段の寸法。
はしごのような急勾配なので、あくまでも最低基準と考えるべきである

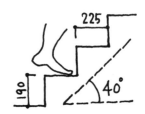

住宅性能表示制度の等級4・5に相当する勾配
(6/7以下)

する例が見られる。床のレベル差が多様な領域を生み、上下や斜め方向に視線が抜ける広がりが魅力だが、目に見えない熱や空気の流れにも配慮したい。たとえば吹抜け内に上下階をつなぐ階段を設けた場合、暖房時は暖気が上階へ、冷房時は冷気が下階へ移動しようとする。そのため、吹抜けまわりに垂れ壁や水平可動式のロールスクリーンを設ける、階段下り口に腰高程度の引き戸を設けて子どもの落下防止と冷気の降下防止を兼ねる、あるいは天井扇を設けるなど、暖気・冷気の流れの制御をあわせて検討したい。また、窓の断熱性能が低いなどの熱的な弱点があると、冬季には空気の対流を促進し、不快なコールドドラフトを生じる。ガラスの断熱性能を高める、吹抜けの直下を滞在時間の長い場所としないなどの対策を講じたい。

人・光・空気が行き交う吹抜け階段

周囲に建物が密集した市街地や傾斜地では、生活の主要な諸室を眺望や採光に優れる上階に配置することも多いだろう。しかし、数十年先に足腰が弱った時のことを考えると、上下階の移動に対する不安が頭をよぎる。かといって、新築時からエレベーターを設置するのも、実際には使うことにならないかもしれないため、予算はまわしにくいということも往々にしてある。そのような場合は、階段まわりの吹抜けや屋外のバルコニーなど、建物内外の竪穴を利用して、エレベーターを後付けできるように備えておくという方法もある。将来的な設置箇所を当初は床でふさいで使用する場合は、後から開口が開けられるように構造上の梁のレイアウトを調整し、ピットの深さを考慮した基礎スラブの形状などを検討しておくとよい。

通風用の吹抜けの空気を季節によって区画するための横引きスクリーン

20. リビングの設置階に時間を織り込む

大草原の中の一軒家ならともかく、市街地の住宅では、リビングルームを1階とするか、2階に上げるかといった配置の問題が浮上し、敷地や家族構成などの条件に応じてさまざまな解答があるだろう。住宅の初期設定で時間軸と重ね合わせて考えても、両者は一長一短で各々にメリット、デメリットがある。

平坦な敷地に建つ場合、リビングは1階に配置するのが一般的であろう。その何よりの利点は、道路や玄関からのアクセスが容易で、数十年先を見越して考えると、主な生活空間を地上階にまとめておきやすいことにある。地面に近いということから、庭を介した屋外空間とのつながりや界隈との接点を得やすい点も挙げられる。しかし、1日、1年という時間の中では、周囲の建物の影響を受けやすく、日照や通風が得にくく、道路からの視線や音などの環境面での不利が生じやすい。また2階以上を個室とする場合は、部屋の独立性が確保しやすい反面、将来的に家族の人数が減り、高齢者のみの住ま

リビングの設置階によって、
庭の樹木の楽しみ方も変わる。
1階は、大地とつながり樹幹を楽しむ。
2階は、空とつながり枝葉を楽しむ

屋根勾配なりに高い天井とした、
開放的な2階リビング

いとなった場合には、階の移動の不便からこれらの諸室が空き部屋になりやすいというデメリットも考えられる。

一方、2階リビングはこのような利害が反転し、日照や通風が得やすく、道路からの視線もかわしやすい。さらに最上階の場合は屋根勾配なりに天井高を高くし、開放的な空間をつくりやすいが、同時に屋根面からの日射熱の影響を受けやすくなるため、特に夏季の温熱環境に配慮が必要だ。道路からのアクセスには日常的に上り下りの労苦が伴うのに加えて、1階を個室中心の計画とする場合は来客時の動線の交差も課題となりやすい。しかし、こうしたデメリットはより長期的な時間軸で見れば、必ずしも不利な条件というわけでもない。たとえば、1階にあらかじめ給排水などの設備インフラを仕込んでおけば、将来的には1階をSOHOや店舗、ギャラリーなど住宅以外の用途に転用し、街に開放された部分をつくりやすいということでもある。

リビングの設置階によらず、個室とリビングで階を分けつつ、両者を吹抜けでつないで一体感を持たせる場合は、空気や熱の流れに特に配慮したい。1階リビングでは、暖房時に暖かい空気が上階へ上りコールドドラフトを起こして居住域が暖まりにくい、2階リビングでは、冷房時に冷気が下階へと流れ出し冷房効率が悪いといった状況が起こりやすい。吹抜けまわりの気流を制御する天井扇や、空気を区画する仕切りなどの対策をあらかじめ施しておくとよい。

21. リビングの機能に時間を織り込む

リビングルームすなわち居間は、日常生活で最も長い時間を過ごす場所の1つであり、字義的には「家の中で、家族がくつろいだりして、普段居る部屋」を指す。では、具体的に何をするための部屋なのか。生活様式が多様化した昨今では、その具体的な機能はさまざまであろう。そこでイギリス英語を参照すると、居間とは「sitting room」、すなわち「座る部屋」である。きわめてシンプルでわかりやすい。要は「座る」という姿勢を基本に、お茶を飲んだり、本を読んだりといった生活の中の実にさまざまな行為を受け止める部屋というわけだ。では、リビングルームを「座る部屋」ととらえ直すと、初期設定としてどのようなことを検討しておくべきであろうか。

「座る」という行為はきわめて身体的であるため、椅子やテーブルなどの家具の寸法や形との関係が深い。たとえば、リビングとダイニングは団欒と食事という行為が対応するが、各々の家具の適切な寸法、特に座面の高さは年齢や体格によってさまざまである。また、2つの行為は同時にあるいは連続して行われ、必ずしも明確に分けられずLDのようにひとまとまりの空間で計画されることが多い。

つまり、リビングの機能には時間的にも空間的にもさまざまな寸法が混在し、異なる座の高さをどのように設定し、ひとまとまりの空間に納めるかが特に重要となる。

また、リビングは多様なくつろぎを提供する場であるため、人だけでなくさまざまな物も居座ることになる。その中でもテレビは洗濯機、冷蔵庫と並んで戦後の日本では三種の神器としてもてはやされ、以降もリビングスペースの中心をしばしば陣取っている。特に近年では機器本体の薄型化と大型化の傾向が著しく、ソファや椅子との距離、壁や窓との取合いに関係するなど、プランニングに及ぼす影響は少なくない。

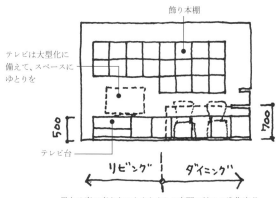

異なる座の高さをひとまとまりの空間に納める造作家具

天板高さの異なるカウンターが連続し、リビングとダイニングをなめらかにつなげる

テレビに限らずこれら家電の類は、技術の進歩とともに大きさや形の標準がたびたび様変わりする。特にリビングまわりにはいろいろな機器が集まりやすい。そこで、ばらばらな見た目を隠す目的で、造り付けの家具内にまとめて交通整理が図られることが往々にしてある。しかし、建物の寿命に比べれば機器類の寿命、交換の頻度は短い。そのため、きっちりと納めすぎるとサイズや規格の変更に対応できず後々困ることになりかねない。たとえばテレビはブラウン管から液晶へと主流が移り薄型化と大型化が劇的に進んだのに対して、オーディオはレコード、カセット、CD、MDと次々に新技術が登場し、今ではディスクの置き場所も不要となるほど設置スペースの条件は大幅に緩くなった。つまりいずれのケースも、将来的に機器を交換する場合に、造り付けたスペースがきつくなることも、ぽっかりと周囲に空きができてしまうこともあり、将来の変化も見越したきっちりとゆったりのバランスの見極めが求められる。

22. キッチンに居場所としての時間を織り込む

炊事や洗濯などの家事空間は、かつてはインフラや室内環境、衛生面からそれぞれ個別の部屋として割り当てられていた。昨今では

共働きの夫婦や高齢者の1人住まいなど、ライフスタイルによっては家の中の1カ所に集中し、利便性や効率性を高めたほうが望ましいこともある。特に、家事の中でも滞在時間の長いキッチンは、調理だけでなく、家事全般の拠点と考えて初期設定してもよい。

　孟子の「君子は厨房に近づかない」が誤読されて広まったと言われる「男子厨房に入らず」は、料理を男性から遠ざけ、女性に押しつける風潮の元凶の1つになったと言われる。しかし、昨今ではもはや死語。超高齢化社会では、老若男女を問わず料理の腕を磨いておくに越したことはない。しかし、特に高齢者にとって長時間の立ち作業はとても苦痛。料理に凝るほど、仕込みをじっくりやりたいメニューも出てこようというものだ。そのためには、調理台の下を膝が入るように空けておく、あるいは移動式のキャビネットや着脱可能な幕板などで空けられるようにしておくなど、後々の身体機能の低下やライフステージの変化を見越して、ゆったりと座って調理ができるような工夫があるとよい。調理台とダイニングテーブルを一体化して兼用するというのも有効だろう。その際は適切な天板の高さが異なってくるので、天板か椅子のどちらかで高さを調整する必要がある。

　方位との関係から考えると、通常はリビングなどの居室を優先して南面し、また食品の保存の目的もあり、キッチンは北側に配置されることが多い。しかし、日常的に長時間過ごす場所として考えるなら、キッチンにも床暖房を敷設するなど冬の寒さへの対策は考慮しておきたい。日射量が不足しがちであることに加え、給排気や勝手口などの開口が冷気を招きやすいからだ。冷蔵庫など常に熱を発する機器の配置は、ダイニングテーブルやパソコンデスクなど、長時間たたずむ場所と近すぎないよう位置関係に気をつけたい。

長時間の立ち作業での調理は苦痛。ダイニングテーブルとキッチンカウンターを一体化するのも有効。
立った高さで決まるキッチンの天板と、座った高さで決まるテーブルの高さの違いは、天板高さ・椅子の高さで調節する

23. キッチンの設備に時間を織り込む

　子どもや親に囲まれた大人数での暮らしが、いつしか老夫婦2人

の住まいとなるにつれて、家の中でのプライベート（私的な空間）とコモン（共用の空間）のあり方に変化が望まれる場合もあるだろう。炊事・洗濯・掃除などの家事の中でも、キッチンは朝昼晩と毎日3回は活躍し、また、調理・食事・片付けといったひとまとまりの行為に要する時間も長い。それゆえ2人住まいにとっては、リビングダイニングや他の諸室とのつながりが確保され、キッチンで孤立してしまうような状態がないようにしたいものだ。こうしたニーズに応えるために共用・私用の加減を調整し、たとえば新築当初はプライベート優先の独立型だったキッチンを、後々になってオープン型に改修するといった場面や、壁に向かってコンロとシンクが並ぶI型から食卓に向かい合うアイランド型に機器のレイアウトを変更するといった状況が発生することもあるだろう。こうした設備の再レイアウトを伴う改修を織り込んだ初期設定には、特に設備インフラの系統に注意を要する。高から低へという水の流れの基本的な性格は容易には変え難いため、特に排水のルートにかかわりそうな箇所は構造体との干渉を避けるよう、床上もしくは天井裏のふところを十分に設けるといった想定をあらかじめ織り込んでおきたい。

また、家事全般の拠点としてキッチンを計画する際に悩ましいのが、さまざまな機器の寸法やモデュールの調整である。料理や洗濯などさまざまな行為をサポートする住宅設備は多岐にわたり、立ったり座ったりとその姿勢もまちまちであるが、空間的な納まりに加え、なめらかな家事動線の確保にも配慮したい。しかし、機器は流行り廃りや故障などで交換するものだから、すべての機器をきっちりとオープンなままビルトインしておくのも難しい。そこで、たとえば食品庫などの納戸スペースを隣接させて機器類も一緒にしまえるようにするなど、おおらかさを許容し、ハレとケを両立するための工夫があるとよいだろう。また、さまざまな調理器具が矢継ぎ早に発売されているように、増殖しがちな家電のために電源コンセントの口数はあらかじめ余裕を持って用意しておきたい。

24. エネルギーのマネジメントに時間を織り込む

人の一生のように、建物にも建材の製造から建設、運用、改修、そして解体・廃棄へと至る、ライフサイクルという時間が流れる。このような時間軸を織り込んだ物差しで建築がもたらす環境への影響をとらえると、その総和が無視できないほどの量であることに驚く。たとえば伊香賀らによる産業連関表を用いた研究データによれば、日本では全産業のCO_2排出量のおよそ4割を建築分野が占める。その内訳は、躯体や建材などの物質に由来する負荷が2割強、建物を運用する際の負荷が8割弱という割合である。こうしたライ

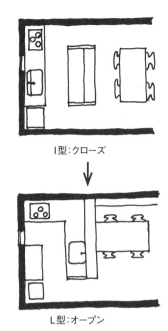

将来の機器のレイアウト変更も想定し、設備の配管ルートや窓の配置を初期設定する

L型のオープンキッチン

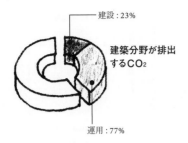

日本におけるCO₂排出量の
約40%を建築分野が占める。
そのうちの大部分が運用時のもの。

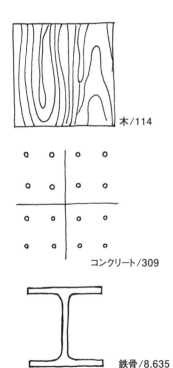

材料ごとの容積当たりのCO₂排出量の例。
加工や運搬など、建材の製造は
さまざまな過程でCO₂を排出する
（排出量の単位：kg-CO₂/m³）

フサイクルでの環境評価には、一軒の住宅であっても膨大なデータが必要となる。また、改修や解体・廃棄といった物質資源の循環にかかわるものには特に未解明な点が多く、研究データの蓄積が多方面で進められているのが現状だ。しかし、そのようなデータの精度や信頼性には注意を要するものの、建物が環境へ与えるインパクトについて時間を織り交ぜて総合的に検討する意義は大きい。

住宅により発生する環境負荷は、建物を建てる時よりも竣工してからのほうが圧倒的に大きいと言われている。給湯や暖房、冷房、換気や照明、家電など、私たちは毎日の生活の中で実にさまざまな用途の設備機器を用い、エネルギーを日々消費している。未来に向けたサステナブルな社会の実現を思えば、住宅の一生という時間の中でエネルギーをどうマネジメントするかはきわめて切実なテーマである。自然エネルギーを利用するパッシブ、人工的なエネルギーを効率的に活用するアクティブを2本の柱に、今や百花繚乱のごとく、さまざまな環境・エネルギー技術が開発・実践されている。しかし、これらの技術は定石を単純に足し算すれば加算的に効果を発揮するというわけではなく、その成否が建物の特性や居住者のライフスタイルとの組合せに大きく左右されることも往々にしてある。ヒートポンプエアコンは1台で暖冷房がまかなえる最も手軽でエネルギー効率の高い空調設備だが、同じ面積の部屋でも高天井や西向きの場合は機器能力が不足しがちとなり、容量を高めにしておかないと酷暑や厳冬期のたびに不快な思いをすることになる。また、運転時に気流が生じて埃が舞いやすく、ハウスダストにアレルギーがある場合は床暖房など別の方法も検討すべきであろう。あるいは、貯湯型の給湯機器を用いる場合、災害時に非常用水としての効用も期待できるのは利点だが、家族数の増加や年齢構成の変化によっては貯湯量が足りなくなるといったデメリットも想定される。このような建物や住まい方との組合せでの設備の特徴や使い方を知らないと、本来の性能を発揮できない場合がある。適切な初期設定を判断できるだけでなく、あらかじめ住まい手の理解を助けるような役割も、設計者や建設者には求められよう。

一方、さまざまな省エネ・創エネ技術が発展・普及するにつれて、建物を建設する際の環境負荷削減の重要性が相対的にクローズアップされるようになってきた。コンクリートは一般に、製造に要する負荷が大きい建材である。近年では在来木造の基礎にベタ基礎が採用されることが多いが、良好な地盤であるなどの構造的な安全性を前提に、条件次第では布基礎を採用してコンクリートのヴォリュームを減らすといった構法の検討も、ライフサイクルという長い時間軸における環境負荷低減という視点から有効な方策と言える。

第3章
時間を織り込んだ住宅事例

　住まいは一般論では語れない。1章・2章で述べたことを考慮しつつも個々の状況に応じて取捨選択し、手をかけて住み続けていくものだから、住まい手の数だけバリエーションがある。

　本章では実際の事例を通して、住宅に時間を織り込む術を具体的に紹介する。将来の変化を予測して改修・増築計画をつくり、そこから引き算して新築時のプランを決めた事例、新築時にある程度の許容幅を持たせておいた住宅が実際どのように変遷したかの30年、40年にわたるドキュメント、また、中古住宅として売却された後に次の住まい手が何を活かして何を変えたかのレポート、そして、丁寧に考えると標準的なつくり方ではなくなった窓や出入り口という部分の事例まで、さまざまなバリエーションを取材し、時間への対応を織り込んだコメントを図面に書き添えた。解説文は設計者に執筆していただいた。

　将来をどんなに細かく予測しても、予定調和に納まらないものだ。不確定な未来より、これまでの1日、1年、10年の過ごし方を考えてみよう。誰にでも「標準」と言われるあり方からはみ出すものがあるはずだ。それを手がかりに、その人らしい時間の過ごし方を受け止めてくれる住宅つくろう。「標準」という人生はないのだから。

時間を織り込んだ新築計画

子どもの成長に合わせた間仕切り変更、
親世帯との同居モデルプランを作成した上での新築住宅

F邸　設計◎古森弘一（古森弘一建築設計事務所）

主要構造：鉄骨造、階数：地上2階、敷地面積：258.81㎡、建築面積：117.52㎡、延床面積：140.66㎡、
建築主の年齢：30代後半、家族構成：夫婦＋子ども2人、所在：福岡県北九州市、竣工：2005年
写真提供：古森弘一建築設計事務所

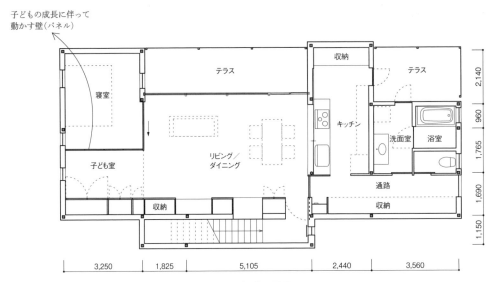

新築時2階平面図　1/150

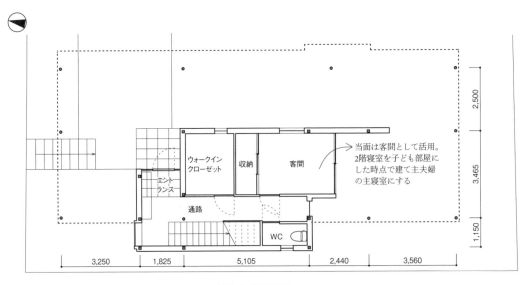

新築時1階平面図　1/150

将来の増築スペースでもある広いピロティ

　実兄の家である。まず、将来親との同居（義姉は一人娘）や子どもの自立など、これからの生活の変化を予測することから始めた。しかし、長い議論の末「どうなるかはわからない」という結論に至った。しかし一方で、フレキシブルであることだけでは建築の更新を促すことにはつながらないという経験をしてきたので、必ず訪れる将来の家族構成の変化に対して、ある程度の幅を持って対応できるように建築サイドで準備しておくことがよいのではないかと考えた。

　まず最初に、親との同居を想定した1階の状態（将来増築した状態のプラン）を設計し、そこから現在は必要のないスペースを引き算し、新築時の1階プランを作成した。次に、近い将来、子どもの成長に伴って移動すると予測される壁はあらかじめパネル化し、素人でも簡便に壁の位置を変えることができるようにした。

　こうした変化の可能性を住み手や親が認識することにより、将来の生活に対する安心感を与えることができたのではないかと思っている。

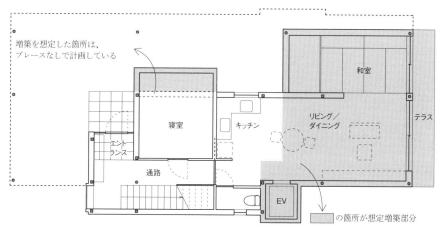

親世帯同居時1階平面図　1/150

新築から9年後に建具1を移設。

新築時、子どもが小さいうちは、建具2を引き戸として活用。リビングと子ども室を一体的に利用する。

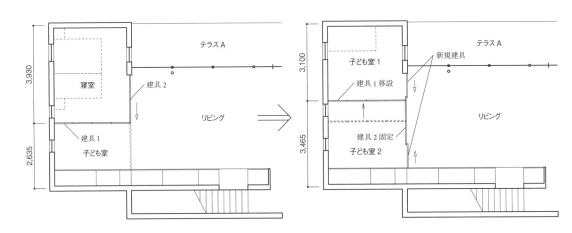

新築時の間仕切り位置
建具1はフランス落しで固定。
建具2は幅2mの引き戸で、子ども室側を開けると寝室側が閉じた状態になる

改装後の間仕切り位置
建具1を移設して、フランス落しで固定。
建具2は両側に出入りに必要な幅を確保した位置で固定。
新たに建具2枚を設けた

子どもが大きくなったので、それぞれの部屋を用意。それぞれの部屋に出入りする引き戸2枚を新たに設けた。

2階の北ゾーンすべてを2つの子ども室にした時点で、夫婦寝室は1階の客間に移動した。

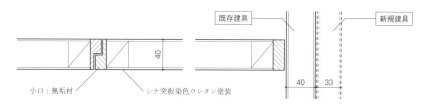

建具1連結部平面図　1/5

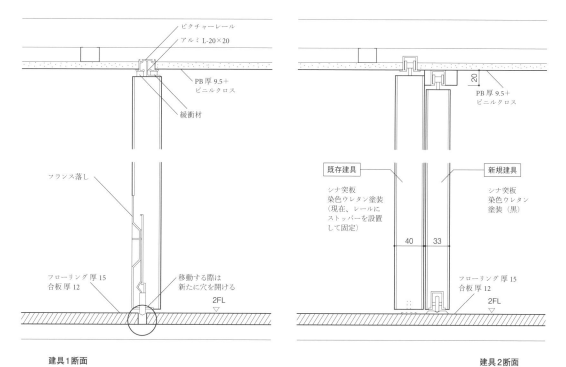

建具1断面　　　　可動壁(建具1・2)詳細図　1/5　　　　建具2断面

時間を織り込んだ新築計画

車椅子を使うようになっても住み続けられる、アプローチと水まわりの改修プランを織り込んだ新築住宅

ライフステージを織り込んだ家　設計◉田中直人＋NATS環境デザインネットワーク

主要構造：木造、階数：地上2階、敷地面積：421.02㎡、建築面積：158.03㎡、延床面積：270.97㎡、
建築主の年齢：40代前半、家族構成：夫婦＋高齢者1人、所在：奈良県、竣工：2009年
写真提供：NATS環境デザインネットワーク

玄関脇の応接室までを一体としてフォーマルさを持たせたアプローチ空間

将来、スロープの引回しを想定している芝庭。車椅子に乗降する様子がアプローチから見えないように、主寝室は応接室より下げている。

　住宅は生活の器として、住み手やその家族の変化するライフステージを考慮する必要がある。基準通りのバリアフリーだけでなく、「1日」「1年」「3〜5年」「数十年」といういろいろな時間に対して対応することが求められる。住宅に「時間を織り込む」「時をつなぐ」という"考え方"が大切である。

　ユニバーサルデザインでは多様な利用者に対応する「だれでも」という視点をまず考慮する。ちょっと体が弱ったとき、お年寄り、子ども…に具合のいい設計は、元気な健常者にとっても具合がいいものである。この住宅を設計するに当たり、家族ひとりひとりの時間経過とともに変化する状況を読み込んで、限られた空間と予算の中で、さりげなく配慮することに努めている。たとえば、歩行が困難な車椅子利用になる可能性のある母親の将来の空間対応など、それぞれの家族の時間経過とともに顕在化する要求に「いつでも」応えることができる視点である。時間の経過を、人間側の条件と住宅の環境側の条件から現時点で計画し、検討している。いずれにしても、設計者と住み手がどこまで意思疎通を図り、その時々の最大の住宅性能が得られるデザインを提供できるかが問われると考えている。

車椅子で主寝室に直接アプローチできるスロープの増設を織り込んだ建物配置

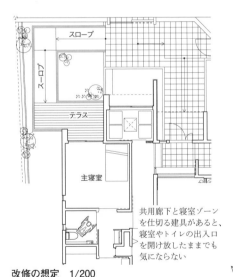

共用廊下と寝室ゾーンを仕切る建具があると、寝室やトイレの出入口を開け放したままでも気にならない

改修の想定　1/200

新築時から、家族・来客共用のトイレとは別に、寝室の付帯設備としてのトイレを設置。車椅子を使うようになったら、クローゼットを撤去してトイレを拡張できるように計画してある

中庭は採光や通風に効果的。植物の生育が難しくても、日差しが入れば、季節や時間の移ろいを感じさせてくれる。

床の段差がある箇所にあからさまな手摺や腰掛けを付けるのではなく、収納や組子のデザインに見せながら用を満たす。

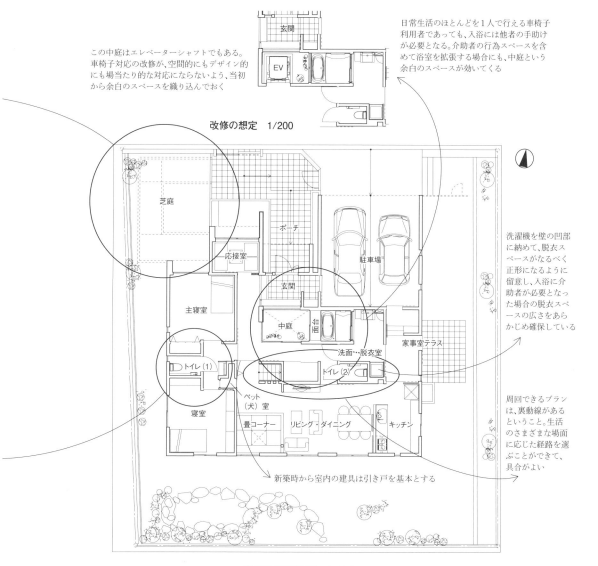

改修の想定 1/200

この中庭はエレベーターシャフトでもある。車椅子対応の改修が、空間的にもデザイン的にも場当たり的な対応にならないよう、当初から余白のスペースを織り込んでおく

日常生活のほとんどを1人で行える車椅子利用者であっても、入浴には他者の手助けが必要となる。介助者の行為スペースを含めて浴室を拡張する場合にも、中庭という余白のスペースが効いてくる

洗濯機を壁の凹部に納めて、脱衣スペースがなるべく正形になるように留意し、入浴に介助者が必要となった場合の脱衣スペースの広さをあらかじめ確保している

周回できるプランは、裏動線があるということ。生活のさまざまな場面に応じた経路を選ぶことができて、具合がよい

→ 新築時から室内の建具は引き戸を基本とする

新築時1階平面図 1/200

時間を織り込んだ新築計画

将来の改修を見据えた
サステナビリティの高い新築住宅

青葉台の家　設計◎山本圭介、堀啓二（山本・堀アーキテクツ）

主要構造：木造、階数：地上2階、敷地面積：154.39㎡、建築面積：71.70㎡、延床面積：99.38㎡、
建築主の年齢：30代後半、家族構成：夫婦＋子ども2人、所在：神奈川県横浜市、竣工：2003年
撮影：木寺安彦

在来軸組構法だが耐震性能は外周壁に担わせて、内部の改変を容易にしている

1階ワーキングスペース

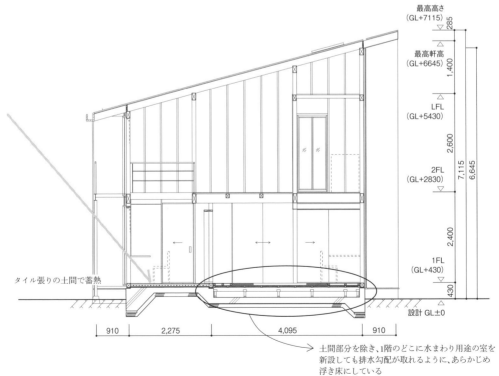

タイル張りの土間で蓄熱

土間部分を除き、1階のどこに水まわり用途の室を
新設しても排水勾配が取れるように、あらかじめ
浮き床にしている

断面図　1/100

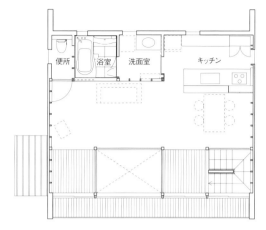

2階平面図　1/150

1階で開口のある範囲は構造耐力に算入していないので、出入り口扉に改修できる（平面図中の▼部分）

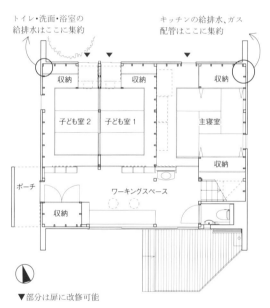

▼部分は扉に改修可能

1階平面図　1/150

1階、2階とも南面はほぼ全面ガラスで、日射を取り入れる

　これからの住まいはライフスタイルの変化に対応でき、地球環境への配慮が必要と考える。耐震壁を外周部に集約した在来軸組構法と外張り断熱・複層ガラスサッシにより、高気密高断熱でフレキシビリティの高い空間とした。

　構造壁でない北側開口部分は出入り口に改修可能。北側に設備を集約し、1階北側天井と北側東西角に配管スペースを確保、メンテナンスのしやすさを考慮した。1階床は南側のダイレクトゲインに役立つ土間以外は浮き床とし、1階に水まわりが自由に設置できる配管スペースを確保、フレキシビリティの高い空間とともに、SI（スケルトンインフィル）を徹底、将来のライフスタイルの変化に対応している。

　室内は内部構造がそのまま仕上げとなり、人にやさしく暖かみのある木質空間である。ライフスタイル、ライフステージに合わせて、柱・間柱・胴縁を利用した本棚や飾り棚など住まい手が自由に工夫できる。ライフスタイルの変化に伴い家が成長する改修案も検討した。

改修のモデルプラン

1階を部分的に他人に貸す場合

1階を親世帯、2階を子ども世帯の二世帯住宅にする場合

[2階平面図]
- 便所 / 浴室 / 洗面室 / キッチン
- トイレ子世帯 単独使用（プライベート）
- 家具新設
- 間仕切り用カーテン
- 移動間仕切り家具新設 H＝1,800
- ベビーベッド
- サンルーム的な利用

[1階平面図 左]
- 下駄箱等
- ガラス框戸＋網戸 単独入口
- 間仕切壁 PB 厚9.5＋12.5 AEP グラスウール 厚100 ラワン合板 厚5.5
- PS
- 大テーブル 作業も可能
- 家具新設 ミニキッチン 900タイプ デスク カウンター クローゼット
- ユニットバス
- 収納
- 主寝室
- 収納
- ポーチ
- 収納
- ワーキングスペース
- 間仕切り壁 H＝1,800から天井まで ペアガラスFIX
- カーテン

平面図　1/150

[1階平面図 右]
- 水まわり新設 介護にも役立つ広い水まわり
- 入り口新設 引き戸 単独出入口 介護者の利用も可 構造壁でない部分
- キッチン新設
- 浴室
- 引戸
- 収納
- 床 フローリング
- 主寝室
- ベットに変更
- 引戸に変更
- ポーチ
- 収納
- ワーキングスペース
- 収納
- 収納減少
- 共用トイレ（客用）
- 床 フローリング

平面図　1/150

子どもたちが結婚・独立した後の子ども室の利用案。構造上問題のない北側に新たな出入り口を設ける。2つの出入り口を持つ住まいは、さまざまな可能性を生み出す。住まいのプライバシーを守りつつ、居住スペース以外の部分に事務所、アトリエ、教室、店舗など外に開いた機能を入れることができる。この改修案は他人に賃貸する場合で、住宅街にあることを考慮し、必要最小限の水まわりを持つ賃貸住居を提案。

子どもが結婚後に同居する二世帯住宅への改修案。浮き床の配管スペースを利用し、1階に親世帯の水まわりを設ける。広めの水まわり、引き戸、外部の介護者が利用可能な単独の出入り口設置、布団からベットへの変更などにより将来の介護にも備える。2階は、移動可能な1.8m高さの家具とカーテンによって空間の連続性を確保しながら、寝室を設ける。ワーキングスペースには二世帯をつなぐ役割を期待している。

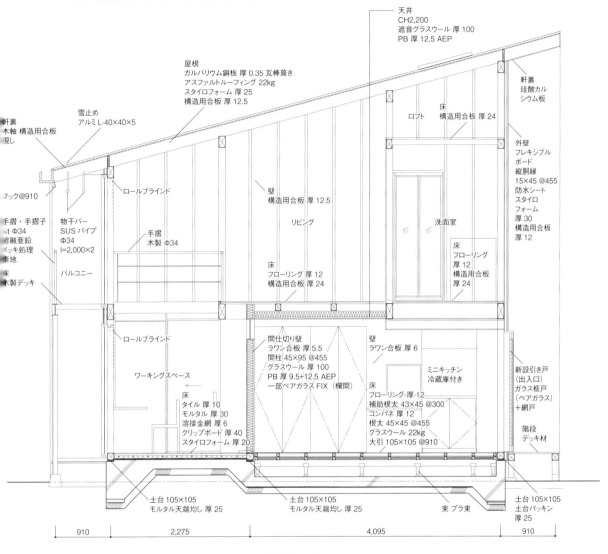

断面図 1/60

　この住まいを他の世帯と共住みする場に改修する場合、2つの問題がある。

　1つめは遮音。平面図、断面図に示したが、他の世帯と接する東側間仕切り、南側間仕切り、天井には厚さ100mmのグラスウールを充填し、石膏ボード・ラワンベニヤ張りの上AEPとする。木造という構造上、完璧な遮音は難しいが、極力遮音に配慮した対応が必要である。

　2つめの問題は採光である。この改修案では南側が異なる世帯間の間仕切となるため、賃貸住居では基本的に南側の採光がカットされてしまう。目線が切れてプライバシーが守れる1.8mから上の部分をガラステッシュ入りペアガラスの欄間とし、南からの柔らかい光を導く工夫をしている。北側に新設する出入り口でも、網戸付きガラス框戸の引き戸とするなど、採光、通風を確保する計画としなければならない。

時間を織り込んだ新築計画

将来2階を他人に貸す前提で、バスユニットの増設を織り込んだ新築住宅

池袋本町の家　設計◎岩川卓也（岩川卓也アトリエ）

主要構造：木造、階数：地上2階、敷地面積：78.03㎡、建築面積：40.65㎡、延床面積：77.50㎡、建築主の年齢：40代後半、家族構成：女性＋母親（70代）、所在：東京都豊島区、竣工：2011年
撮影：畑亮

　母がひとりで暮らしていた実家を取り壊し、分割した敷地の一方に計画した40代女性と母のための住まいである。娘は長く独立した生活をしていたため、親子の同居とはいえ、二世帯住宅という形態を取っている。1階には共用部分の水まわりと高齢の母の住居を、2階には女性の仕事場兼住居を配し、共用の玄関（階段室）でつなぐプランにしているが、将来女性が独りになった時、生活の場を1階に移し、簡単な改修工事で2階を下宿として貸し出せるような建築的配慮を施している。下宿として部屋を活用することで経済的な助けになるとともに、同居人がいるという安心感も得られるだろう。

　実家のかなり低めだった5.7尺の鴨居高を感覚的な記憶として残すため1階の鴨居高に採用した。実家の2階で下宿屋を営んでいた子ども時代の記憶もまた、将来下宿を始めることで親子の想い出として残されていくであろう。

共用の玄関は、土間で1階の内玄関に続く。2階へは土足のまま階段を上がり、内玄関へ

2階を貸す時は、ユニットバスを設置できる天井高さにしている

玄関ポーチの庇も兼ねたバルコニー。2階を貸した時、室内に持ち込めない物を一時的に置ける外部スペースがあるとよい

ベンチのある日当りのよいバルコニー。屋外で過ごせるスペースは、1日単位、1年単位の時間を住まいに織り込む

2階（40代の女性が暮らすスペース）

2階を貸す時に増設する給湯器
新築時の給湯器
母娘で暮らす間は共用する

地域社会とのつながりを支える部屋は、玄関の近くに配置

小さくても庭があると、採光や通風にも有効。隣家のない西側に開く

1階（70代の母親が暮らすスペース）

新築時平面図　1/150

現在の2階。水まわりをコアのようにまとめ、ワンルームを仕事場と寝室に分節している。

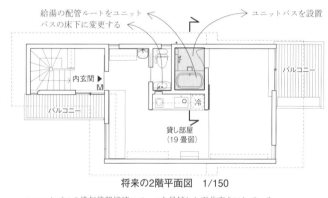

将来の2階平面図　1/150

浴室断面図　1/100

2階を貸す際の設備について

ガス

2階用の給湯器を増設し、1階と2階で別系統とする。2階クローゼットの位置にユニットバスを設置、外壁側から給湯管を立ち上げれば最短ルートで給湯器と接続できる。洗面・キッチンの給湯配管はユニットバスの床下を通して新設の給湯器に接続し直す。最小限の工事で接続先を変えられるように、水まわり居室の位置をまとめている。

電気

あらかじめ1階と2階で回路を分けている。2階の内玄関に子メーターを設置し、使用量分の電気料金を家主と精算する方法を想定している。

水道

新築時のままとし、使用料は家主と借り主で折半する予定。

時間を織り込んだ新築計画

リタイア後も社会とかかわり、人とかかわり、夫婦の時間を織り上げていくための建替え計画

U House　設計◎石田建太朗（イシダアキーテクツスタジオ）

主要構造：1階RC壁式構造、2・3階木造在来軸組構法、階数：地上3階、敷地面積：184.77㎡、建築面積：87.82㎡、延床面積：165.97㎡、建築主の年齢：60代後半、家族構成：夫婦、所在：千葉県浦安市、竣工：2014年
撮影：矢野紀行

左：ミニキッチン設置の備えもしてあるホール
上：冬季のヒートショックがないように、浴室（洗い場）、トイレ・洗面・脱衣ともに床暖房を設置

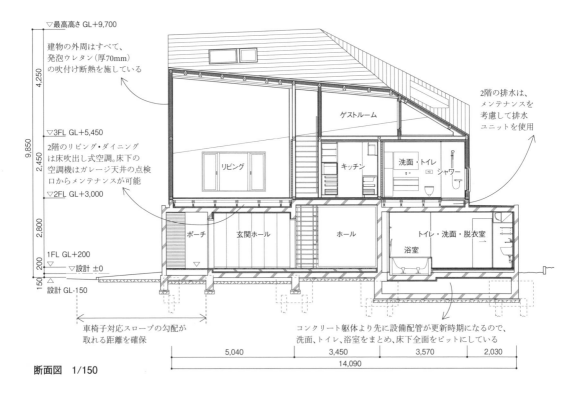

断面図　1/150

　この住宅は、60代後半のご夫婦のための建替え計画として新築された住宅である。子どもが独立した今、夫婦のための豊かな住空間を提供するとともに、老後に向けて変わりゆく生活スタイルに対応可能な住宅を提案している。

　かつてこの敷地に建っていた木造住宅の1階は昼間でも暗く、視線を気にして1日のほとんどは雨戸を閉めている状態であった。そこでリビング・ダイニングは明るい2階に配置することとし、日中に必要な機能はリビングと同じ階に配置させ

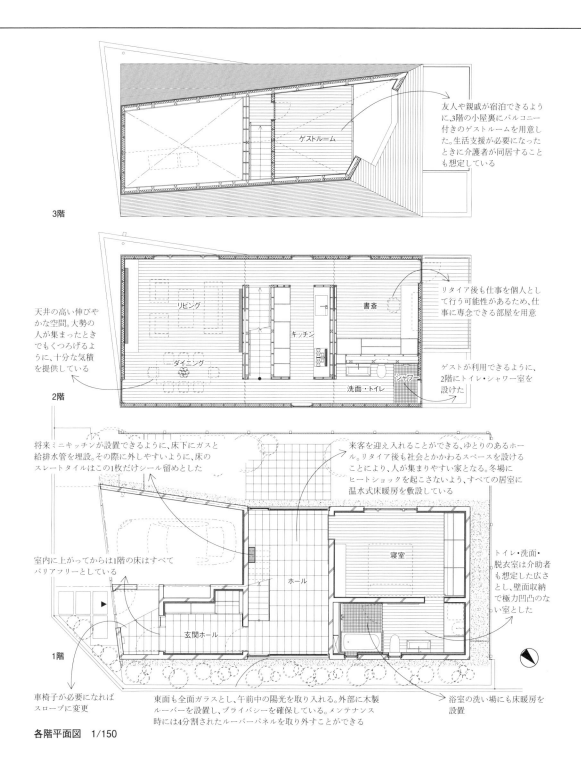

各階平面図　1/150

て下階に降りることが少ないように配慮している。将来ご夫婦が2階に上らずに生活できるように、1階のホールにはミニキッチンの配置を想定して、給排水やガスの接続を床下に設けている。来客を迎え入れることもできるように玄関に隣接したホールからは、移り変わる四季を感じることができる小さな庭の景色が広がっている。定年後も社会とのつながりを継続しながら、さまざまな生活の時間の流れにふさわしいゆとりある空間を提供している。

時間を呑み込んできた45年住宅

建築として計画した「コンクリートの洞穴」に、45年の間、いつも組合せの異なる2家族が共生していた

北嶺町の家（室伏次郎邸）　設計◎室伏次郎（新築・改修共）

主要構造：RC壁式構造、階数：地上4階、敷地面積：71.92㎡、建築面積：50.03㎡、延床面積：162㎡、
新築時建築主の年齢：30歳、家族構成：家族1＝夫婦＋子ども2人（後に3人）、家族2＝夫婦＋子ども1人、竣工：1970年、所在：東京都大田区
撮影：特記なきものは畑拓（彰国社写真部）、*1 藤塚光政　*2 新建築写真部

竣工時の外観（周囲は原っぱだった）　*1

　2家族が均等な負担で建設した二世帯住宅。年齢が高い家族（音楽教育家夫妻＋成人した子ども1人）が下階に、若いほうの家族（子育て中の建築家夫婦＋子ども2人、後に3人）が上階に住む。2戸はできるだけ平等で（上階のトップライは禁止）独立した生活環境とし、狭小ながら伸びやかな空間であることを第一義に計画した。

　住宅取得費用は2世帯合計で土地取得に700万円、建設費に700万円。RC打放しの一般的な住宅で坪単価30万円弱、建築家の自主工事としても坪単価20万円の時代に坪当たり13万円の予算でできることを考え、躯体だけで建築として成立する空間を追究した。

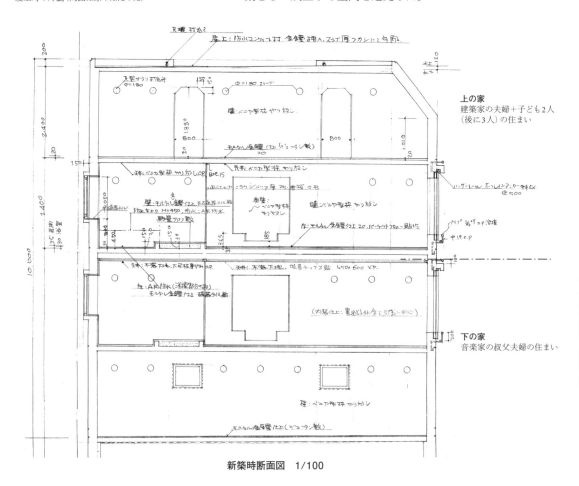

上の家
建築家の夫婦＋子ども2人
（後に3人）の住まい

下の家
音楽家の叔父夫婦の住まい

新築時断面図　1/100

2年後に増設した木製床

可動床に合わせて梯子のように移設できる置階段

パレット状の木製可動床（新築時は2枚）
壁と4階スラブの小口に打ち込んだ形鋼をレールとし、可動床に取り付けた戸車で滑らせ、任意の位置に設置できる。竣工から2年後、さらに2枚を追加した。

4階

3階

2階

1階

新築時各階平面図　1/150

単体で防火性能、遮音性能が期待でき、躯体が同時に空間を構成するため、狭小な都市住宅の空間をローコストでつくるには、RCの壁構造は都合がよい。単一の素材で構成されたモノリスティックな壁の空間、すなわち「コンクリートの洞穴」について、徹底的に考えた。

柱梁による空間はすべてが水平に連続し、内外もつながっていく。壁の空間は内外の区別を明確に感じさせ、そこに開けられた「穴」の存在が此彼の感覚を明らかにし、内外をつなぐ意識を空間に表す。壁の空間とは意識を個の内面に向かわせ、都市に住まうに不可欠な、自律した個の感覚を醸成する空間の質を備えたものだと考えている。

建設費を抑えるためにコンクリートの材積は最小限としたい。4階のスラブは半分だけとし、不足面積は木製床で補うこととした。木製床を可動パネルとすれば必要に応じて増減でき、床の場所も変えられる。最小限の実現条件から決まった当初計画では対応しきれなくなったとき、いかようにも変更できる自由を担保した。

壁の壁性を強める開口の刳り抜き方を考えた

共生家族の変遷と改修の履歴

竣工（1970年）

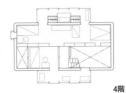
4階

3階

2階

1階

共生する2家族
- 3・4階：建築家の家族
　　　　夫婦＋子ども2人
- 1・2階：音楽家の叔父家族
　　　　夫婦＋子ども1人

改修-1（1973〜81年）

4階

3階

2階

1階

共生する2家族
- 3・4階：建築家の家族
　　　　夫婦＋子ども3人
- 1・2階：音楽家の叔父家族
　　　　夫婦＋子ども1人

改修内容
- 4階可動床増設（2枚）
- 4階を家具で個々人のスペースに仕切る

改修-2（1981〜2000年）

4階

3階

2階

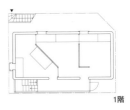
1階

共生する2家族
- 4階：建築家の夫婦のスペース
- 3階：建築家家族の共用スペース
- 2階：間借りの他人の家族
- 1階：建築家の子どものスペース

改修内容
- 1－2階の内階段を撤去
- 1階を採光と床面積が均等になるよう3つに仕切る
- 1－3階をつなぐ内階段を新設
- 浴室を3階から4階に移しキッチンを拡大
- キッチンの間仕切りを3階玄関とリビングの仕切りに転用
- 新築の工事中に中央の床梁を撤去したため、たわんできた床スラブを補強

*1

開口部の穿ち方と塞ぎ方が、この建築のあり様を決める。

4階の木製可動床は、45年経ってもスライドさせることができる。

*2

たわんできた3階の床スラブは2階リビングの鉄骨柱で支えている。

改修-3（2000〜2013年）

4階

3階

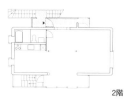
2階

1階

共生する2家族
4階：建築家の夫婦のスペース
3階：建築家家族の共用スペース
2階：間借りの他人の家族
1階：建築家の仕事場
　　（子ども3人が独立）

改修内容
- 1階にトイレを新設
- 1-3階をつなぐ内階段を撤去。屋上まで上れる外階段に
- 1階、3-4階南側の開口部分を土間に変更
- 屋上を緑化し、4階の断熱性を向上させた。

この改修で屋上の外周に植えたオリーブが、ようやく手すり代わりになるほど生長した。

改修-4（2013年〜現在）

4階

3階

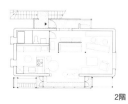
2階

1階

共生する2家族
4階：建築家の三男家族の就寝スペース
3階：建築家の三男家族の共用スペース
2階：建築家の夫婦のリビングスペース
1階：建築家の夫婦の寝室、納戸

改修内容
- 西隣の家の建替えにより立面があらわになったため、トレリスを設置、ジャスミンを育生中

建設用仮設資材を用いた屋上までの外部階段は、建築家夫婦の日常動線。

改修-5（将来予想）

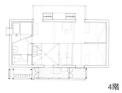
4階

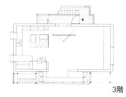
3階

2階

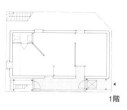
1階

共生する2家族
4階：建築家の三男家族の子どもスペース
3階：建築家の三男家族の共用スペース
2階：建築家夫婦どちらか単身のスペース
1階：建築家の三男家族の夫婦スペース

改修内容
- 直接2階にアプローチできるよう、屋外昇降機（段差解消機）を設置。

「コンクリートの洞穴」からあえて外していた開口部分を土間に変更

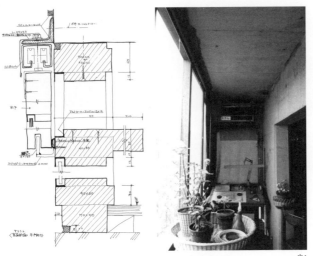
壁から独立した「光の箱」の木製サッシ図面と新築時の姿 *1

4階スラブと可動床の見上げ（新築時） *1

「改修―2」で撤去した1―2階をつなぐ内部階段 *1

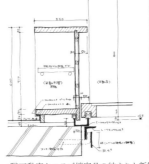
4階可動床とスラブ端家具の納まりと新築時の姿

*1

　この家は40年以上にわたる住み続けるための生活の変化を受け入れ、設えをさまざまに変えつつも、明確な個性を持った空間は一貫して生き続けてきた。それほどに、この空間は初源的で原型と言うべき簡潔で質実なものである。この家に住まい続けて、「住居とは人生の歴史的時間の容れ物」と思う所以である。

　構想に当たっては一切の生活的な機能の解決を求めず、この土地にふさわしい（法規的、環境的に）空間であること、光のあり方と壁の量のバランスよき空間の実現のみを目的とした。当たり前の設計では機能的な解決を第一義としなければならないが、工費があまりに不足しており、シェルターとしての機能の解決のみが許された条件であったからだが、躯体のあり方がそのまま空間となる壁構造の空間を機能に即して構成していたならば、生活の変化という時間に耐えることができなかったであろう。

　その結果、コンクリートの「箱」にどのような「穴」（開口部）を開けるかが課題となる。それは、「穴」の存在を明確に感じられるあり方とその塞ぎ方はどのような方法かを探ることであった。光を受け入れる開口部で壁が穿たれ、壁の断面が見えることによって、その場所が厚い壁に囲まれた安心感のある、保護された感覚に満ちたものであると明確に感じられる。厚みが見える壁のあり方が大事なのである。ここの開口部のディテールは、壁厚の中で納まるサッシではなく壁にかぶせて穴を塞ぐような建具、もしくは壁から大きく離れて独立した「光の箱」のようなあり方のどちらかになっている。コンクリート壁と木製とした雨掛かりのサッシとでは耐久性は著しく異な

上左：4階木製可動床がない部分から3階を見下す。
上右：建設時に梁を撤去した4階床スラブが下がり、木製V字梁合掌部から鉄筋で吊って補強した。
下：3階は、建築家の三男家族のLDK。

現在の外観。木製サッシは10年で腐った。

現在1階は建築家の夫婦の寝室として使用。

現在、2階は建築家の夫婦のLDKとして使用。

り、安普請のこの家の場合、外まわりの木製部分は10年を経てすべて腐ってしまい、取り替えることとなった。現在では外まわりの木製部分は金属板で包まれ、可動部分はアルミサッシとなっている。

生活の変化という時間に耐えてあり続けるためには、すべてを「決めない」、変えたければいつでも変えられるというあり方を発見するという課題もあった。言い換えれば、変えた後でも原型は残り、変わらずにあり続ける……「型」の発見ということである。機能的解決の設えを可動としたことが、「決めない」自由、いつでも変えることができる解放感を実感させる。工費削減から発想された、「コンクリートのモノリスティックな壁の空間」「閉じつつ開かれた曖昧な意識を喚起する壁の断面の表出」「決めない」「可動」「変わる

ものと変わらないものの明確な分節」「光のグラデーションのみで多様な場とする」等これらの方法は、高度な機能の充足と高質なものの実現というモノの呪縛からの解放感と同時に、素朴な素材感と明確な質感を感じる原型的な空間を表出させている。

このようにして構成された壁の空間は、個の意識を覚醒させ、開かれた1室空間の中にありながら、此彼の意識を顕在化させている。1層1空間の重層した「箱」と全階を貫く外部階段、1層は住居内住居ユニットであること、3層にわたる3つの入り口。これらの要素による構成は、45年を経て人生のあらゆる局面に適合し、他者をも受け入れることができるという、狭小都市住居として普遍的なものとなり得ることがわかった。

アクティブな生活のためのパッシブデザインによる30年住宅

季節の変化、1日の変化を環境のポテンシャルととらえ、自然との交感を享受する

つくばの家Ⅰ(小玉祐一郎邸)　設計◎小玉祐一郎(新築・改修共)

主要構造：RC壁式構造、階数：新築時は地上2階、9年後に増築＝地上3階、敷地面積：284㎡、建築面積：76㎡、延床面積：124㎡＋42㎡(増築ロフト階)、新築時建築主の年齢：30代後半、家族構成：夫婦＋子ども3人、竣工：1983年、増築：1992年、設備機器更新による改修：2002年、所在：茨城県つくば市
撮影：*1 栗原宏光、*2 岩為

竣工時の外観(1983年)　*1

現在の外観(2014年)　*2

*1

パッシブデザインの実験住宅としての日射遮蔽、通風、断熱、集熱、蓄熱といった初期設定を、体感で実証しつつ、暮らしてきた。

　自然は変化に富み、それが日常の生活の楽しみの源泉にもなる。自らの身体が自然の一部であることを感じ、自分を取り戻す時間が住宅にこそ欲しいと思う。季節や時間によって変化する太陽や風や緑の味覚は、自然に開かれた家の魅力だ。

　20世紀は「エネルギーの時代」と呼ぶにふさわしいほどその恩恵に浴してきたが、一方で、それゆえの貧しさ・呪縛も生んできた。暖房や冷房技術の効率化を意図するほどに、外乱の影響を避けるために、内外の遮断を強化するというジレンマも生じてきた。省エネというのであれば、内外の遮断を徹底して暖冷房の効率を高めるという方法もある。しかし、地球環境を守るために人間がますますエネルギーへの依存を高めるという図式は、どこかおかしい気もする。

　パッシブデザインがめざすのは、エネルギーに依存しない建築のデザインであり、それによって、自然との交感を深め、環境への意識を高め、同時に省エネや環境負荷削減を達成することだ。

　住まいを外に開くことの重要さは、3.11後に改めて認識されるようになった。社会的・自然的外乱から守ることに徹すれば、住まいは限りなく閉じていきがちだ。その危うさが多くの人に共有されるようになったと思う。

設備機器更新の履歴

ソーラー給湯	1994年／屋根上に8㎡のソーラーコレクタを載せていた循環型給湯システムを自然貯湯型(一体型のソーラー給湯器)に交換(集熱部と貯湯槽の循環システムの部品生産停止のため)。 2002年／PV(太陽光発電パネル)の設置を機に、ソーラー給湯と夜間電力使用高性能ヒートポンプ給湯(エコ給湯)を組み合わせる(都市ガス供給時期は未定)。
床暖房・補助暖房	新築時の室内空気循環型パッシブな床蓄熱システムの補助熱源にしていたオイルファーネスは、取扱店がなくなり修理不能に。2002年、薪ストーブに交換。代わりの補助熱源として、夜間電力使用のヒートポンプ式温水暖房を床チャンバーに設置。
コールドドラフト対策	新築時のアルミフレーム＋単層ガラス(オーニング部分)では極寒時にコールドドラフトを生じた。2002年、インナーサッシを付加。ついでに発熱ガラスも実験的に付けてみた。

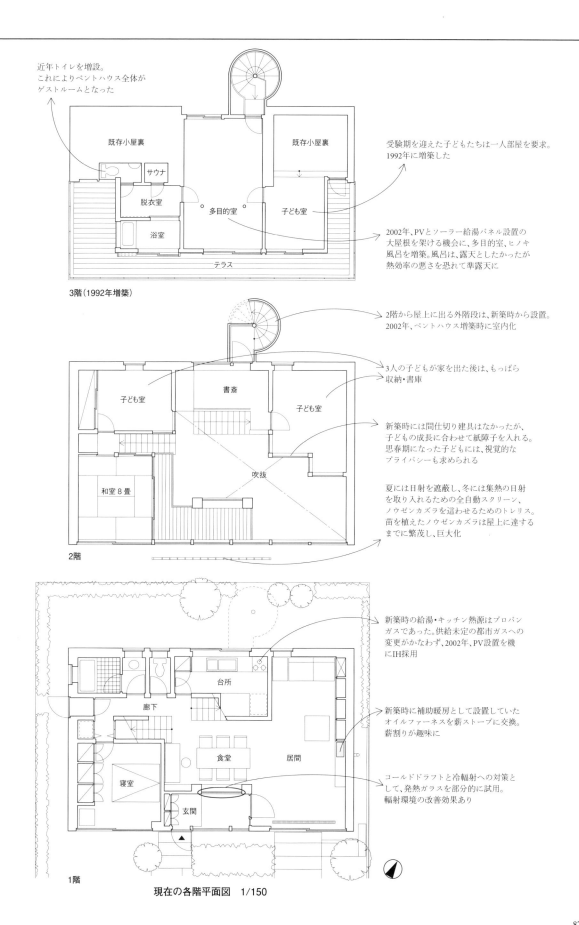

現在の各階平面図 1/150

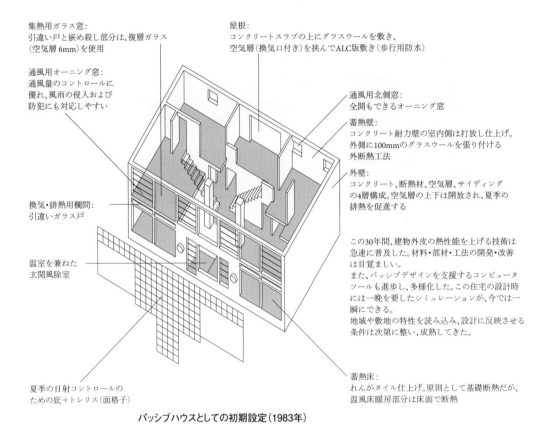

集熱用ガラス窓：
引違い戸と嵌め殺し部分は、複層ガラス（空気層6mm）を使用

通風用オーニング窓：
通風量のコントロールに優れ、風雨の侵入および防犯にも対応しやすい

換気・排熱用欄間：
引違いガラス戸

温室を兼ねた玄関風除室

夏季の日射コントロールのための庇＋トレリス（面格子）

屋根：
コンクリートスラブの上にグラスウールを敷き、空気層（換気口付き）を挟んでALC版敷き（歩行用防水）

通風用北側窓：
全開もできるオーニング窓

蓄熱壁：
コンクリート耐力壁の室内側は打放し仕上げ。外側に100mmのグラスウールを張り付ける外断熱工法

外壁：
コンクリート、断熱材、空気層、サイディングの4層構成。空気層の上下は開放され、夏季の排熱を促進する

この30年間、建物外皮の熱性能を上げる技術は急速に普及した。材料・部材・工法の開発・改善は目覚ましい。
また、パッシブデザインを支援するコンピュータツールも進歩し、多様化した。この住宅の設計時には一晩を要したシミュレーションが、今では一瞬にできる。
地域や敷地の特性を読み込み、設計に反映させる条件は次第に整い、成熟してきた。

蓄熱床：
れんがタイル仕上げ。原則として基礎断熱だが、温水床暖房部分は床面で断熱

パッシブハウスとしての初期設定（1983年）

熱環境の初期計画と検証

冬のモード

南面のほぼ全面がガラスのため、2階分の高さから入る日射が部屋の奥まで射し込み、コンクリート打放しの室内の壁、れんがタイル張りの土間床に蓄熱する。やはり打放しの天井スラブには日射が当たらないが、その熱容量は室温を安定させる役割を持つ。蓄熱部の熱損失を抑えるため、壁には100mm、屋根には200mmの硬質グラスウールで外断熱している。暮らしながらの検証では、蓄熱体としてのコンクリート量は1/2でもよかったかと思われる。建設当時の私には、シミュレーションはともかく、それほど実体感としての蓄熱の経験が欠けていた。

南面の大開口部に子ども室の高窓を加えた集熱用窓の有効面積は約45㎡で、浴室、便所、台所を除いた1階の床面積のほぼ3/4に当たる。

窓は、オーニング部分を除いて複層ガラス（空気層6mm）を使用。建物から流出する熱の1/2が窓部分で生じると予想したが、おおむねその通りの結果であった。現在の高性能断熱部材とは雲泥の差である。

基本はダイレクトゲインだが、新築時に、土間床に埋設したデッキプレートの空洞部分に室内上部から吸い込んだ空気を循環させ、蓄熱床の下面からも蓄熱させた後に窓際のスリットからゆっくり室内へ吹き出す床暖房方式も敷設している。補助熱源としていたオイルストーブが撤退した後は中止したが、不自由を感じない。断熱・蓄熱のしっかりした室内空間では、吹抜けといえども上下の温度差はあまりつかないことも実感している。

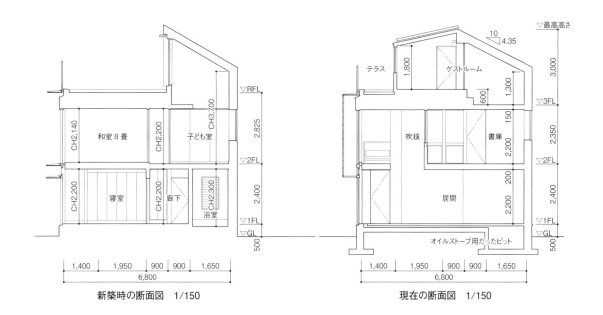

新築時の断面図　1/150　　　　現在の断面図　1/150

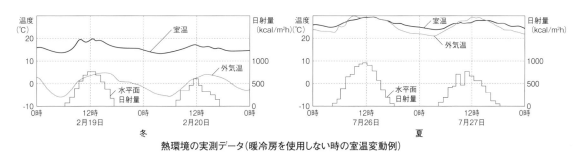

冬　　　　　　　　　　　　　　夏

熱環境の実測データ(暖冷房を使用しない時の室温変動例)

夏のモード

　庇では午前中の低い位置から射し込む日射を遮ることができない。南面のガラス外側での日射遮蔽を期待したノウゼンカズラは冬には落葉するので、夏季限定外付けブラインドとして絶大な効果があった。もっとも葉を茂らす木の事情と人の事情との時間のずれはやむをえないところもある。

　日射にさらされる外壁と屋根は、遮熱対策として断熱材の外側に通気層を取っている。今から考えると実にプリミティブな外断熱工法で、ほとんど手づくりであった。30年を経て、外装材の改修を機に新しい外断熱工法を計画している。

　夜間換気によるクーリング効果は予想以上であった。エアコンに慣れた人には信じられないだろうが、室内の熱容量の蓄冷効果は特筆してもよい。全館ワンルームのような住宅だから、地窓と高窓のオーニングを夜間中、開け放しにしておくと、10回程度の換気回数は無風状態でもとれる。ゆっくりと風が抜けていくのが実感できる。日中は掃出しの大窓も開け、庭と一体化した、外に開かれた空間となる。いつ窓を開け、閉めるか、建物の「癖」も住み込んでくると徐々にわかってくるものだ。真夏の日中は地窓、高窓以外は閉めておくのがよい。少なくとも午前中は前夜の蓄冷効果を生かしたほうがよさそうである。

　一口に風通しと言っても、通風と夜間換気と排熱のモードを使い分けることにも慣れてくる。入ってくるのは冷気だけではない。初秋の今ごろは虫の音が耳に心地よい。とはいえ、エアコンが必要なときには使えばよいと、わが家にもエアコンはある。大勢の来客がある場合など、年に3～4回程度使っている。

時間を受け入れる余白が織り込まれていた40年住宅

用意された「貸し室」のひと間が2人暮らしを拡張し、人と時間を受け入れながら変化できる家にしてくれていた

井の頭の家　新築設計◎吉村順三　増築設計◎日高章

主要構造：木造、階数：地上2階、 敷地面積：231.0㎡、建築面積：57.24㎡＋34.83㎡（1995年改築＋2005年増築）、
延床面積：105.84㎡＋66.29㎡（1995年改築＋2005年増築）、新築時建築主の年齢：40代前半、家族構成：母＋子ども1人
竣工：1970年、所在：東京都三鷹市
撮影：特記なきものは、畑拓（彰国社写真部）、*1 門馬金昭

　この家は1970年、私が中学1年生の時に完成した。未亡人の母と私、2人暮らしの家のために、吉村順三は1階西側に貸し室を用意した。生活の糧として考えられたこの部屋のおかげで、わが家は家族以外にいろいろな人とかかわることになる。このひと間は、母と私の2人暮らしにさまざまな「外」をもたらしてくれた。母は吉村の姪で5人兄弟の長女だったので、この貸し室がさまざまな目的に使われるであろうことを、吉村は見抜いていたのではないかと思っている。

　建物としての変遷の節目は、1990年代に貸し室まわりの増改築と母の寝室まわりの改修、2005年に家内の両親との同居のために二世帯住宅に増築したことである。その間も、居住者の顔ぶれは頻繁に入れ替わっている。

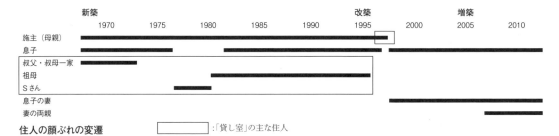

住人の顔ぶれの変遷　　□：「貸し室」の主な住人

竣工時の外観　*1

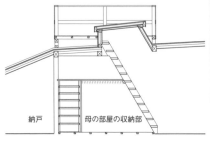

当初は私がリクエストした物見台があった。
10年ももたなかったがハッチは今も開閉できる。

竣工時のLDK　*1

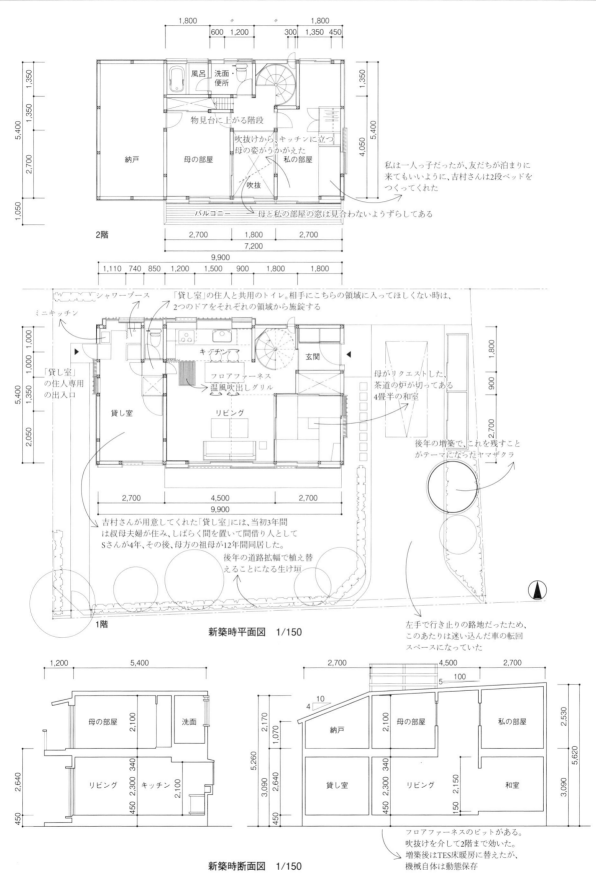

共生家族の変遷と改修の履歴

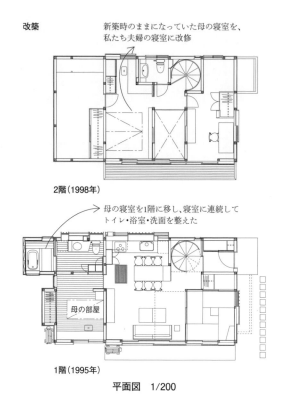

改築
新築時のままになっていた母の寝室を、私たち夫婦の寝室に改修

2階(1998年)

母の寝室を1階に移し、寝室に連続してトイレ・浴室・洗面を整えた

1階(1995年)

平面図　1/200

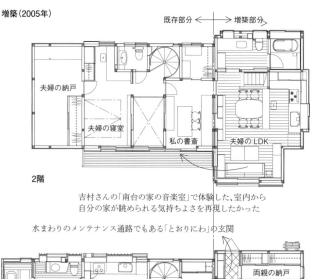

増築(2005年)　　既存部分←→増築部分

2階

吉村さんの「南台の家の音楽室」で体験した、室内から自分の家が眺められる気持ちよさを再現したかった

水まわりのメンテナンス通路でもある「とおりにわ」の玄関

1階

平面図　1/200

　1994年に同居していた祖母が他界。四畳半の襖を外して祭壇を設え、前夜式はこの家で行った。息子（私）も結婚し、しばらく別居。1995年、病気気味の母がすべての生活を1階で行えるように貸し室を母の寝室に改修。ミニキッチンとシャワーブースを撤去し、西側に浴室と小さなクローゼットを張り出させて水まわりと収納を整えた。この改修はレミングハウスの中村好文氏に面倒を見ていただいた。しかし残念ながら母が新しい寝室で生活したのは半年ばかり。1996年に他界した母もこの家から見送った。1998年、そのままになっていた2階の母の部屋を私たち夫婦の寝室に改修。1階の母の部屋には親戚がたびたび泊まりに来て、ゲストルームになっていた。

　2005年、生前母が提案していたように家内の両親と一緒に暮らすことにし、二世帯住宅として増改築をした。これが吉村設計事務所で私が担当する最後の仕事になった。既存の空間をできるだけ変えないこと（リビング・ダイニングにTES床暖房を敷設した程度）、新築直後に同居人の叔父が植樹したヤマザクラを残すことが設計のテーマである。

　玄関を「とおりにわ」状の共用部とし、増築1階の納戸と既存の1階部分を両親の生活スペース、増築1階のピアノ室と2階のすべてを私たち夫婦の生活スペースとした。階段が2カ所になったので、家全体を大きく回ることができるようになった。既存のリビングの吹抜けは、2世代がお互いの気配を感じる共有スペースになった。増築部のキッチンは長年使い慣れた既存1階キッチンのレイアウトにできるだけ合わせて、暮らしの継続性に配慮した。

増築後の外観

既存部の吹抜けは、今も親子をつないでいる

増築部2階リビング・ダイニング

下左から：二世帯共用の玄関スペース「とおりにわ」、既存部と増築部の軸組をまとめる枠、増築部階段上部のトップライト、2階リビングの出窓から既存部分を見る

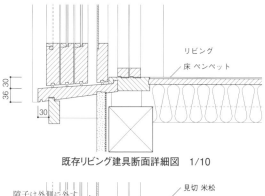

既存リビング建具断面詳細図　1/10

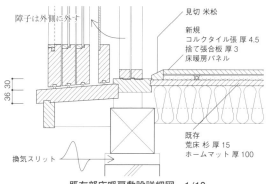

既存部床暖房敷設詳細図　1/10

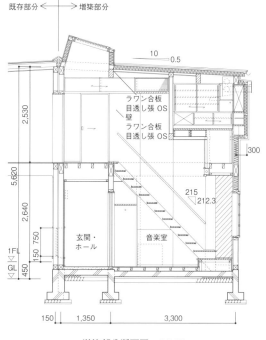

増築部分断面図　1/100

建築の骨格が次の住まい手を呼びこんだ8年住宅

購入の決め手となった大開口、
12m×9m×3m×3層のコンクリート躯体が時間を超える

O-RESIDENCE　設計◎小川晋一都市建築設計事務所（新築・改修共）

主要構造：RC壁式構造、階数：地上3階、敷地面積：158.78㎡、建築面積：97.11㎡、延床面積：291.83㎡、
新築時建築主の年齢：40代後半、家族構成：夫婦、竣工：2007年、所在：東京都港区、
改修時建築主の年齢：40代前半、家族構成：夫婦＋子ども2人、竣工：2014年
撮影：特記なきものは畑拓（彰国社写真部）　＊1 小川晋一提供

敷地の前面は都会では貴重な下り傾斜の緑地が広がる

この住宅は都内の閑静な住宅街にあり、前面道路の反対側は木立が連なる下り斜面で、将来建物が建つことはない。平面9m×12m、高さ9mのボックスカルバートを3層に内分した単純な構造のヴォイド的な空間の中に、1階にスタジオ、オフィス、ガレージが、2階にLDK、3階に主寝室とバスタブが配置されており、それらのフロアが直列した2本の階段で垂直に連結されている。

新築時の建築主が仕事の拠点を海外に移すことになり、売却された。

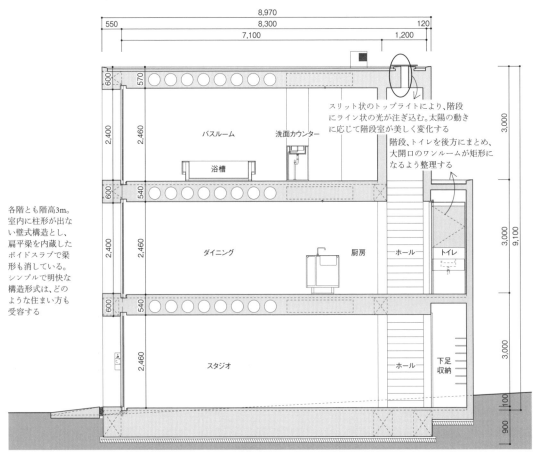

スリット状のトップライトにより、階段にライン状の光が注ぎ込む。太陽の動きに応じて階段室が美しく変化する

階段、トイレを後方にまとめ、大開口のワンルームが矩形になるよう整理する

各階とも階高3m。室内に柱形が出ない壁式構造とし、扁平梁を内蔵したボイドスラブで梁形も消している。シンプルで明快な構造形式は、どのような住まい方も受容する

新築時断面図　1/100

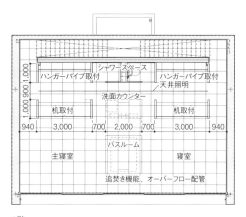

3階

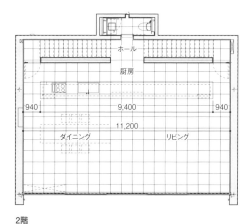

2階

バスタブは厚さ6mmの人造大理石を一体成形して目地をなくしたため、オブジェのようである。夫婦のプライベートフロアにアート作品を置く感覚で設計した。

長いキッチンカウンターには厨房機器はもちろん、エアコン、AV機器、収納を内蔵。生活に必要な機能を保ちつつ、可能な限り機器を見せることなく空間をつくっている。

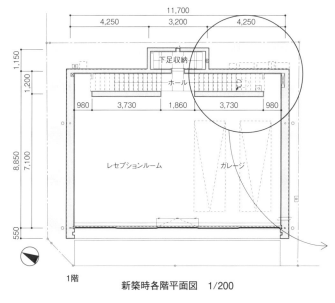

1階　新築時各階平面図　1/200

階段裏平面図　1/100

1階は車2台分の駐車スペースに加え、将来的にオフィスとしての使用を考えていた。そのため、階段下にトイレを設置する前提で、給排水設備を敷設し、換気扇用スリーブもあけている

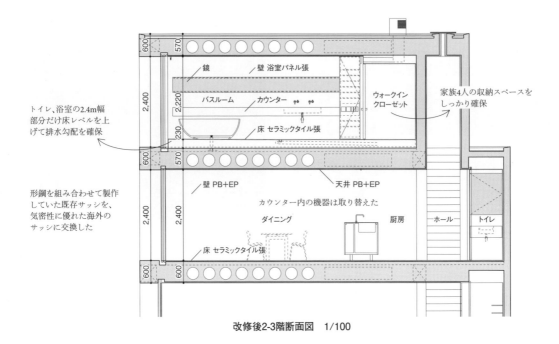

改修後2-3階断面図　1/100

気密性に優れたサッシに取り替え、長いカウンターはそのまま生かした2階

白い空間にライン状の自然光が射し込み、豊かな表情を与える。

　この住宅の2番目の住まい手は有名建築家が設計した中古住宅を購入して住んでいたが、間取りが窮屈で住みにくいため、私に建替えの相談があった。部屋を小割りしないでおおらかに、大きな開口で外部とつながる住まいを希望されていた。

　現在住んでいる場所で建て替えるのか、住んでいる住宅を売却して新しく土地を購入して新築するのかという検討段階で、住んでいた住宅に買い手が現れた。ほぼ同じタイミングで、この住宅が売りに出される。新しい住宅の設計に先立ち、私の設計した家を体験するという心づもりでの見学が、この住宅の購入に至る。

　間口いっぱいに広がる都心では得がたい緑、しっかりした骨格と1フロアが1ルームという明快さが購入の決め手となったようだ。それはまさに、私の設計信条である「ミニマル イズ マキシマル」を証明してくれた。

　家族構成が異なるため、寝室を設ける3階だけは部屋割りの必要が生じたが、1階・2階のプランはいっさい手を入れていない。

当初の設計で高さ2,400mmの空間（骨格）を確保していたため、バスルームの床を230mm上げて排水配管を納めることができた。バスルームを空間の中央に配置することで、大きなワンルームを主寝室と子ども室に分割している

通路を兼ねたウォークインクローゼットは、家族4人の収納量を考慮した

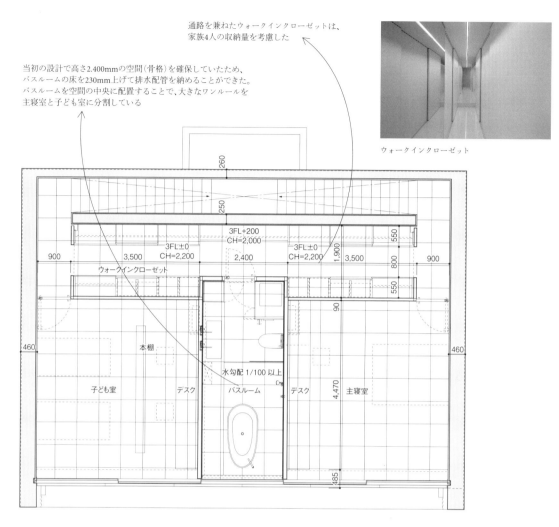

ウォークインクローゼット

改修後3階平面図　1/100

子ども2人の共有室

夫婦の主寝室

新築時の浴槽への設備配管を活かしたバス・トイレのレイアウト

新しい住まい手が時間を読み替えた改修事例

中古戸建ての住宅購入+リノベーションで理想の家をつくる。デザインのルールを読み解きながら、外部を取り込む改修計画

上石神井の家　改修設計◉宮部浩幸＋長曽我部幸子（SPEAC）

主要構造：木造、階数：地上2階、敷地面積：不明、建築面積：46.17㎡、延床面積：91.68㎡、購入時点で築41年
建築主の年齢：30代前半、家族構成：夫婦、所在：東京都練馬区、竣工：2012年
写真提供：SPEAC

　八重樫さんという建築家によって設計された住宅の改修。購入した依頼主はこの住宅の意匠を気に入っていたが、間取りや水まわりを自分たちのライフスタイルに合わせて変えたいと考えていた。そこで既存のデザインルールを読み解き、その延長線上に新たな暮らしの姿を描くことにした。
　既存の状態で、1階の部屋群は中心が少しずつずれながら雁行しているように感じられた。また、道路側と建物側面にまとまった屋外空間が用意されて通風と採光を確保していた。駐車場になっていた道路側の屋外空間を、雁行配置を強調するように庭としてつくり替えれば、既存の部屋の配置を活かして内部空間の広がりが得られると考えた。建物側面の庭はダイニング空間の延長のように関係づけた。内部空間のデザインは吊り鴨居のような化粧梁と柱、長押が卍崩し模様のようなかたちでグラフィカルに空間を覆っていた。改修デザインではこの表現をさらに延長させ、新たな家具や建具枠はこの模様の一部となっている。われわれは八重樫さんからのバトンを受け取り、次へとつなぐデザインを施した。デザインのリレーによって、より深みのある住空間をつくることができたと考えている。

既存外観：立面のプロポーション、階段室のデザインは、新築設計者の意図を引き継ごうと思った。

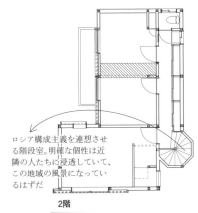
ロシア構成主義を連想させる階段室。明確な個性は近隣の人たちに浸透していて、この地域の風景になっているはずだ
2階

既存家屋の内部：空間を雁行させながら連続させる、束による吊り鴨居のような表現とし欄間部分は透けた表現にする、といった新築時のデザインルールがあるように思われる。

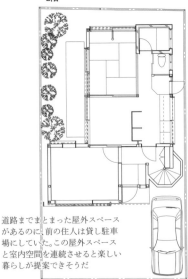
道路までまとまった屋外スペースがあるのに、前の住人は貸し駐車場にしていた。この屋外スペースと室内空間を連続させると楽しい暮らしが提案できそうだ

1階　既存平面図　1/200

この計画では矩計図が残っていたので、それを元にある程度の予想を立てながら耐震補強の計画を進めた。筋交いの入り方や梁の位置が正確にはわからなかったため、着工後に改めて状態を確認し、調整をしながら改修を進めた。こうしたケースも多々あるので、依頼主には予備費の確保をお願いしている。

改修後のリビング：前庭と連続させ、開放感と風の道をつくる。

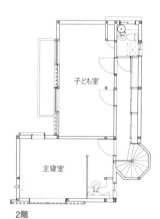

1階　改修平面図　1/200

改修後の外観：階段室のデザインを際立たせるよう、建物外壁は抑え気味の濃色とし、軒裏のみ鮮やかな朱色を配した。

改修後のダイニングから書斎を見る：和室の床レベル差は残し、洋間の書斎に。リビング―ダイニング―書斎を雁行に配置。

新しい住まい手が時間を読み替えた改修事例

4世帯用木造アパートを購入、2階全面をオーナー住戸に改修。
家族のこれからを受け止める「アパート」のポテンシャル

宮永の家　改修設計◎谷重義行（建築像景研究室）

主要構造：木造、階数：地上2階、敷地面積：不明、建築面積：91.91㎡、延床面積：183.82㎡、購入時点で築21年
建築主の年齢：50代前半、家族構成：夫婦＋子ども2人、所在：石川県白山市、竣工：2013年
写真提供：谷重義行

アパートの外観：
あえて改修はしていない

アパート2階平面図　1/150

改修前の台所から和室、洋室を見る

改修前の和室

改修前の台所

アパート1階の2世帯分は、現況のまま賃貸

アパートでは住戸の隔壁だったライン。防火上の区画が屋根裏まで入っており、遮音性能も高い。このラインで住宅の共用スペースと個人スペースを明確に分けている

個人スペース
木下地および断熱材は既存のまま。仕上げのみ変更した

共用スペース
床・壁・天井に性能の高い断熱材を入れ、既存アルミサッシの内側にインナーサッシを追加。断熱性能向上だけでなく、会合やパーティがよく行われるため、外部への音漏れへの配慮でもある

角柱を丸柱に変換

柱を撤去するため梁を補強

全開したい場合、引き戸はすべてここに収納できる

引き戸はここに収納

引き戸でリビングとダイニングの一体感を調整する

既存の給排水設備を利用するレイアウト

浴室・トイレの配置は既存のまま

夫婦寝室は寝るだけと割り切って、小スペースとする。寝室の窓は既存のまま（インナーサッシなし）

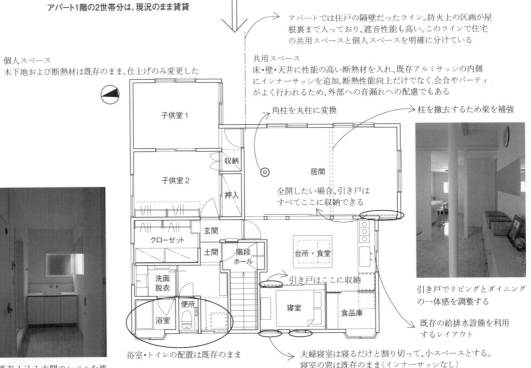

既存入込み玄関のレベルを残した土間から洗面を見る

2階オーナー住戸平面図　1/150

アパートの1世帯分居室を1室にしたリビング・ダイニング

築21年のアパートを購入し、2階の2世帯分を連結してオーナー住宅に改修。1階の2世帯分はそのまま賃貸物件として収入を確保し、短工期・低コストで住まいを獲得した。住宅共用スペースの床、壁、天井にウールブレス断熱材を、窓にインナーサッシを追加して、断熱性と遮音性を高めている。内壁に調湿と消臭性能の高い珪藻土を塗り、オーナー好みの暗緑色な大理石調の床とし、印象的な空間にした。

既存アパートの持つ利点は幾つか考えられる。

① 世帯を分ける防火上の区画が屋根裏まで入っているので、共用と個人の領域を明確に分けることができる。② 2世帯分の給排水設備を利用して、住み手の目的に合わせた設備内容とレイアウトが可能になる。③ 広いスペースをつくる場合には壁の撤去と補強が必要であるが、2世帯分の合計では十分な耐力壁を残すことができる。

こうした利点に沿って計画することで、性能を高めた住まいをつくることができる。外観の改修は行わず内部と外部のギャップを強調し、スクラップ・アンド・ビルドというアパートの宿命を転換した。

既存梁を現しとし、リビングの天井高さ2.9mを確保

新しい住まい手が時間を読み替えた改修事例

まちの緑を継承する。
不動産事業としての裏打けがある戸建てから長屋への改修計画

目黒のテラスハウス　改修設計◎宮部浩幸（SPEAC）

主要構造：木造、階数：地上2階、敷地面積：316㎡、建築面積：71.46㎡、延床面積：129.29㎡、改修計画時点で築60年
所有者の年齢：80代、所在：東京都目黒区、竣工：2010年
写真：特記なきものはSPEAC提供、*1 山岸剛撮影

既存の庭と建物外観　　　　　　　改修後の庭側からの外観　　　*1

2階

2階の窓割りがシンメトリー
だったこともヒントになった

住宅が建て込むエリアに残された、昔のままの住宅区画。
このオープンスペースは、東側隣家にとっては採光と通風の
供給元であり、生長した庭木が地域の人たちの目を楽しませ
てきたに違いない

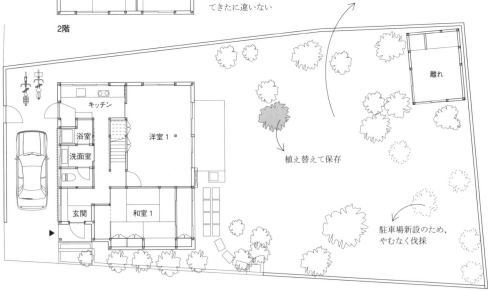

植え替えて保存

駐車場新設のため、
やむなく伐採

1階

既存平面図　1/200

102

空き家になりかけた家を活用できないかというオーナーの思いから、改修プロジェクトが始まった。延床面積130㎡は、相場の賃料単価で家賃が30万円近くになり、空室リスクを避けるならば賃料を下げざるを得ない大きさである。一方で広い庭には木が茂り、密集した住宅地にあって貴重な緑であった。われわれは住宅と庭を2分割し、2戸の庭付き長屋とすることを考えた。1戸当たりの面積約65㎡は、周辺でニーズのあるマンションの2LDKサイズ。それに庭が付けば、マンションにはない魅力ある住宅となる。SOHOとしての利用、小さな子どものいるファミリー等が想定ユーザーだ。2戸分の水まわりや階段のため工事費は嵩むが空室リスクは少なく、1戸当たりの家賃を駐車場込みで24万円に想定すると、2戸で48万円となり、1棟で貸すよりも事業収支ははるかによい。戸建てから長屋へのコンバージョンが決まった。

　住宅は耐震補強を施し、間仕切りのほとんどを刷新したが、古色を帯びた木の柱や梁はそのまま現し、そこに蓄えられた時間の風合いを活かした。庭の木々をなるべく残すように2分割した塀の高さは1.8m、視線は通じないが隣の気配は感じられる。こうして、広い庭を携えた住宅の風景が継承された。

　賃貸募集を始めると、1棟で借りたいという複数の申込み。自宅と経営する会社で使い分ける、究極の職住近接。これは想定外だった。

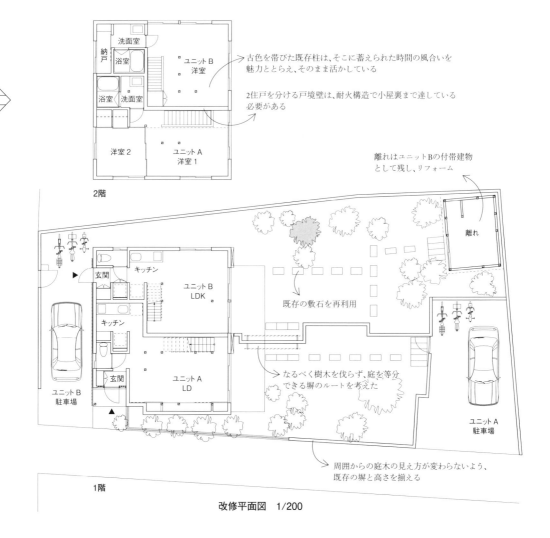

改修平面図　1/200

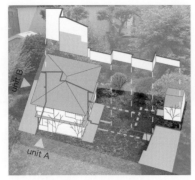

アイソメ：区画はそのまま、住宅と庭を一体で2住戸に分割するコンセプト

ユニットBには離れが付帯。ユニットAと庭を分ける塀の高さは1.8m。 ＊1

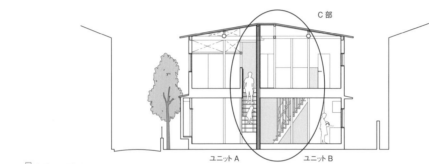

■ 新設した戸境壁

改修後 東西断面図　1/200

改修後 南北断面図（ユニットA）　1/200

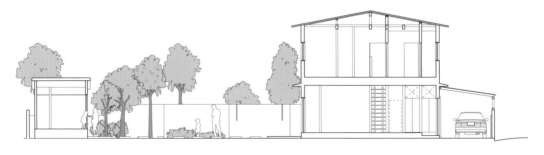

改修後 南北断面図（ユニットB）　1/200

ユニットAの1階リビング：プライベートな庭へと連続し、屋外も一体で楽しめる暮らしは他にない魅力。　＊1

ユニットAの2階洋室：古色を帯びた柱や梁をそのまま現しとしている。古い住宅はこうした風合いを楽しむ人に使ってほしい。新築同様を好む人にはクレームになりやすい。　＊1

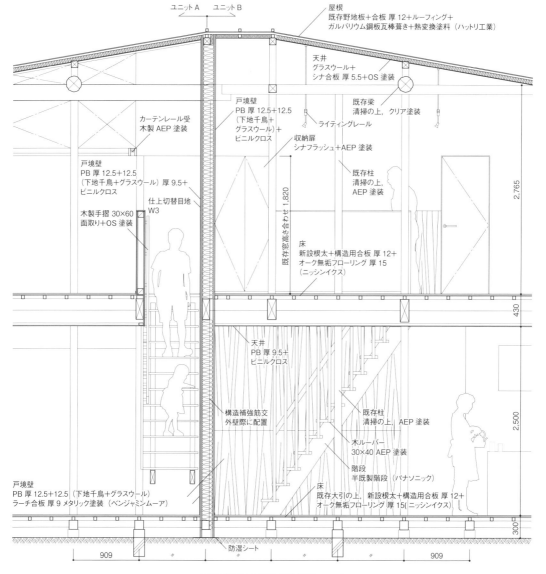

C部戸境壁まわり断面詳細図　1/50

熱環境の研究者が窓の簡便な性能アップを真剣に考えた

単板ガラスのまま
開口部の熱性能を上げる

目白台の部屋　断熱内戸設計◎須永修通（首都大学東京）＋LIXIL＋旭化成建材　ファブリックデザイン◎蒲原みどり／Midori Kamba

主要構造：RC造、分譲マンション開口部の断熱性能アップ
建築主の年齢：30代後半、家族構成：成人1人、所在：東京都豊島区、竣工：2012年
撮影：畑拓（彰国社写真部）

バルコニーに出入りするサッシにつけた断熱内戸を全閉した状態

スイッチの凸部をかわす軌道で開閉する

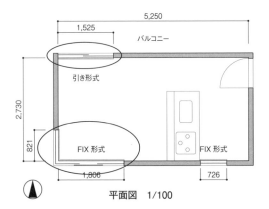
平面図　1/100

断熱内戸の断熱性能試験結果

熱貫流率U（W/m²K）	6.0	5.0	4.0	3.0	2.0	1.0
		4.65	4.07 3.49	2.91	2.33	1.90
断熱等級（JIS A 4706）		H-1	H-2 H-3	H-4	H-5	H-6
断熱内戸 アルミサッシ（単板ガラス）＋断熱内戸*						1.27
アルミサッシ（単板ガラス）＋断熱内戸*（採光窓付）						1.32
樹脂サッシ（複層ガラス）（ガス入り低放射ガラス）						1.66
アルミサッシ（単板ガラス）＋樹脂内窓（複層ガラス）					2.16	
参考 アルミサッシ（複層ガラス）			3.64			
アルミサッシ（単板ガラス）	6.02					
在来工法住宅外壁						0.83

＊断熱内戸＝高性能フェノールフォーム（ネオマフォーム）厚12＋表面材
（データ提供：LIXIL）

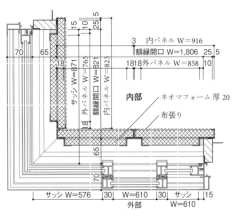
コーナーウインドウ嵌込み固定部平面図　1/10

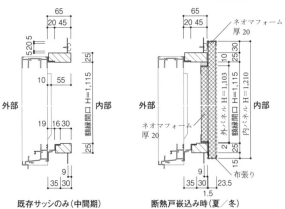
既存サッシのみ（中間期）　　　断熱戸嵌込み時（夏／冬）
コーナーウインドウ部断面図　1/10

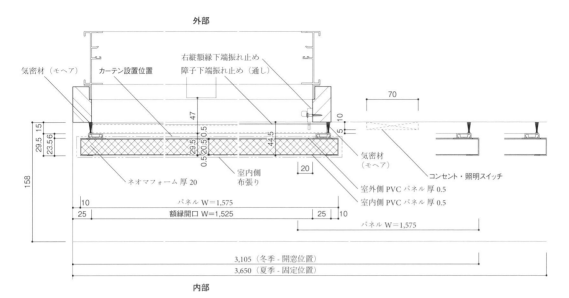

片引き部平面図 1/5

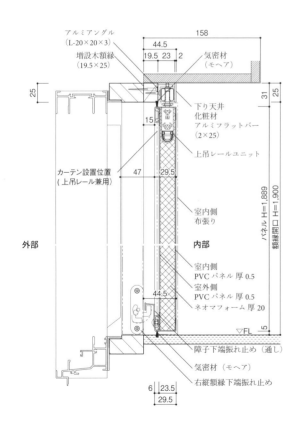

片引き部断面図 1/5

窓は建築からの熱損失が最も大きい部位で、シングルガラス＋アルミサッシ窓では熱損失全体の50%以上を占める。日本の住宅約5,500万戸の大部分でこの性能の悪い窓が使われており、建築分野の省エネを早期に実現するには、性能が悪く、数が非常に多い既存建築、特にその窓を改修することが効果的である。近年、真空低放射ガラス＋プラスチックサッシなどの高性能窓が市販されているが、そのような高性能窓は高価で（新築でも）採用しがたい。

そこで、既存建築に簡単に取り付けられる、安価で性能が高い断熱内窓を開発した。高性能断熱材を基材とし、はめ込み型や引き戸、開き戸などの開閉方式のバリエーションがあり、また、光を通し面白い効果を持つものもある。この事例は、上吊り型で窓脇にある照明スイッチを回避して動くようになっており、その1枚戸の大きな布製キャンバスに大変魅力的な絵が描かれた秀逸なものである。

後からコンクリート壁を抜く可能性を真剣に考えた

コンクリート壁に窓と出入り口、2通りの配筋をしておく

緑と風と光の家　設計◎矢板久明＋矢板直子（矢板建築設計研究所）

主要構造：RC壁式構造、階数：地下1階、地上2階、敷地面積：179.43㎡、建築面積：68.86㎡、延床面積：123.68㎡（緩和前の建築物全体では145.31㎡）、
新築時建築主の年齢：50代前半、家族構成：夫婦、所在：東京都大田区、竣工：2014年、
写真：特記なきものは矢板建築設計研究所提供、*1 小川重雄撮影

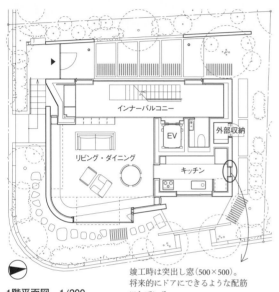

1階平面図　1/200

竣工時は突出し窓（500×500）。将来的にドアにできるような配筋にしている

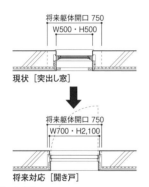

窓平面詳細図　1/50

窓開口の配筋と将来ドアにしたとき用の配筋を施しておく

*1

　キッチンの横に勝手口が欲しいと要望されることは多い。あれば便利だが、そこに突っかけサンダルが見えてしまうことは、清潔かつ神聖な調理場にとってふさわしくはない。これは、私の師である水谷氏が修行した坂倉建築研究所での鉄則であったそうだ。このキッチンの奥に勝手口があるとダイニングからも見えてしまうので、建築主も、やはり美しくないという結論であった。しかしこの壁の向こうにはご実家のあった敷地が広がっており、将来増築という可能性もありうる。またご高齢になられたとき、どうしても近いところに出入り口が欲しくなることも想定された。そこで、当面は突出し窓にガラリをつけた通風窓を設けるにとどめながら、出入り口への改変にも備えておくことにした。

　通常の窓としての開口補強鉄筋に加え、将来の出入り口用の開口補強鉄筋も配筋。構造計算もチェック済みである。開口を大きくできる範囲も、コンクリート表面に印している。

著者略歴

第1章　インタビュー協力

瀬上清貴（せがみ　きよたか）
医療の信頼性科学研究所 主宰・国際医療福祉大学大学院 客員教授・医師
1951年生まれ。厚生労働省にて保健、医療、福祉の政策形成に携わり、福祉医療事業者の監督官庁を経て、現職。

廣谷純子（ひろたに　じゅんこ）
㈱みっつデザイン研究所 代表取締役・一級建築士・住環境教育デザイナー
1972年生まれ。武蔵工業大学工学部建築学科卒業後、㈲野沢正光建築工房、武蔵工業大学大学院環境情報学研究科修了後、オーガニックテーブル㈱を経て、現職。
主な著書：『設計のための建築環境学――みつける・つくるバイオクライマティックデザイン――』彰国社（共著）
主な受賞：第30回住まいのリフォームコンクール「一般財団法人リフォーム推進協議会会長賞」

宮部浩幸（みやべ　ひろゆき）
㈱SPEAC パートナー・近畿大学建築学部 准教授・博士（工学）・一級建築士
1972年生まれ。東京大学大学院工学研究科建築学専攻修了後、㈱北川原温建築都市研究所、東京大学建築学科助手、リスボン工科大学客員研究員を経て、現職。
主な著書：『建築の「かたち」と「デザイン」』鹿島出版会（共著）、『世界のSSD100　都市持続再生のツボ』彰国社（共著）など
主な受賞：東京建築士会「更新する家」入賞、東京建築士会「これからの建築士賞」、グッドデザイン賞

第2章　責任編集

村田　涼（むらた　りょう）
建築家・東京工業大学大学院理工学研究科建築学専攻 准教授・博士（工学）・一級建築士
1973年生まれ。東京工業大学大学院理工学研究科建築学専攻修了後、㈱エステック計画研究所、㈲村田靖夫建築研究室を経て、現職。
主な建築作品：「東京工業大学　元素戦略研究センター」、「LCCM住宅デモンストレーション棟」、「日本建築学会 建築書店 Archi Books」
主な著書：『LCCM住宅の設計手法』建築技術（共著）、『現代住居コンセプション』INAX出版（共著）、『自律循環型住宅への設計ガイドライン』財団法人患畜環境・省エネルギー機構（共著）
主な受賞：グッドデザイン賞

時間を織り込む住宅設計術

2016年8月10日 第1版 発行

著作権者との協定により検印省略	編 者　株式会社 彰 国 社
	発行者　下 出 雅 徳
	発行所　株式会社 彰 国 社

自然科学書協会会員
工学書協会会員

162-0067　東京都新宿区富久町8-21
電話　03-3359-3231（大代表）
振替口座　00160-2-173401

Printed in Japan

Ⓒ 株式会社 彰国社　2016年

印刷：壮光舎印刷　製本：誠幸堂

ISBN 978-4-395-32069-1 C 3052　http://www.shokokusha.co.jp

本書の内容の一部あるいは全部を、無断で複写（コピー）、複製、および磁気または光記録媒体等への入力を禁止します。許諾については小社あてご照会ください。